书籍装帧设计

/ Books Binding Design

21 世纪全国普通高等院校美术・艺术设计专业“十三五”精品课程规划教材

The“13th Five-Year Plan”Excellent Curriculum Textbooks for the Major of

Fine Arts and Art Design

in National Colleges and Universities in the 21st Century

编著 肖勇 肖静

辽宁美术出版社

Liaoning Fine Arts Publishing House

图书在版编目（CIP）数据

书籍装帧设计 / 肖勇，肖静编著. — 沈阳 ：辽宁美术出版社，2020.8 (2023.5 重印)
21世纪全国普通高等院校美术·艺术设计专业“十三五”精品课程规划教材
ISBN 978-7-5314-8708-1

Ⅰ. ①书… Ⅱ. ①肖… ②肖… Ⅲ. ①书籍装帧－设计－高等学校－教材 Ⅳ. ①TS881

中国版本图书馆CIP数据核字（2020）第115162号

21世纪全国普通高等院校美术·艺术设计专业
“十三五”精品课程规划教材

总 主 编　彭伟哲
副总主编　时祥选　田德宏　孙郡阳
总 编 审　苍晓东　童迎强

编辑工作委员会主任　彭伟哲
编辑工作委员会副主任　童迎强　林　枫　王　楠
编辑工作委员会委员
苍晓东　郝　刚　王艺潼　于敏悦　宋　健　王哲明
潘　阔　郭　丹　顾　博　罗　楠　严　赫　范宁轩
王　东　高　焱　王子怡　陈　燕　刘振宝　史书楠
展吉喆　高桂林　周凤岐　任泰元　汤一敏　邵　楠
曹　焱　温晓天

出版发行　辽宁美术出版社
经　　销　全国新华书店
地　　址　沈阳市和平区民族北街29号　邮编：110001
邮　　箱　lnmscbs@163.com
网　　址　http://www.lnmscbs.cn
电　　话　024-23404603
封面设计　彭伟哲　贾丽萍　孙雨薇
版式设计　彭伟哲　薛冰焰　吴　烨　高　桐

印制总监
徐　杰　霍　磊

印　　刷
辽宁新华印务有限公司

责任编辑　时祥选
责任校对　郝　刚
版　　次　2020年8月第1版　2023年5月第3次印刷
开　　本　889mm×1194mm　1/16
印　　张　7.5
字　　数　190千字
书　　号　ISBN 978-7-5314-8708-1
定　　价　58.00元

图书如有印装质量问题请与出版部联系调换
出版部电话　024-23835227

序 >>

「 当我们把美术院校所进行的美术教育当作当代文化景观的一部分时，就不难发现，美术教育如果也能呈现或继续保持良性发展的话，则非要“约束”和“开放”并行不可。所谓约束，指的是从经典出发再造经典，而不是一味地兼收并蓄；开放，则意味着学习研究所必须具备的眼界和姿态。这看似矛盾的两面，其实一起推动着我们的美术教育向着良性和深入演化发展。这里，我们所说的美术教育其实有两个方面的含义：其一，技能的承袭和创造，这可以说是我国现有的教育体制和教学内容的主要部分；其二，则是建立在美学意义上对所谓艺术人生的把握和度量，在学习艺术的规律性技能的同时获得思维的解放，在思维解放的同时求得空前的创造力。由于众所周知的原因，我们的教育往往以前者为主，这并没有错，只是我们更需要做的一方面是将技能性课程进行系统化、当代化的转换；另一方面，需要将艺术思维、设计理念等这些由“虚”而“实”体现艺术教育的精髓的东西，融入我们的日常教学和艺术体验之中。

在本套丛书出版以前，出于对美术教育和学生负责的考虑，我们做了一些调查，从中发现，那些内容简单、资料匮乏的图书与少量新颖但专业却难成系统的图书共同占据了学生的阅读视野。而且有意思的是，同一个教师在同一个专业所上的同一门课中，所选用的教材也是五花八门、良莠不齐，由于教师的教学意图难以通过书面教材得以彻底贯彻，因而直接影响到教学质量。

学生的审美和艺术观还没有成熟，再加上缺少统一的专业教材引导，上述情况就很难避免。正是在这个背景下，我们在坚持遵循中国传统基础教育与内涵和训练好扎实绘画（当然也包括设计、摄影）基本功的同时，向国外先进国家学习借鉴科学并且灵活的教学方法、教学理念以及对专业学科深入而精微的研究态度，辽宁美术出版社同全国各院校组织专家学者和富有教学经验的精英教师联合编撰出版了《21世纪全国普通高等院校美术·艺术设计专业“十三五”精品课程规划教材》。教材是无度当中的“度”，也是各位专家多年艺术实践和教学经验所凝聚而成的“闪光点”，从这个“点”出发，相信受益者可以到达他们想要抵达的地方。规范性、专业性、前瞻性的教材能起到指路的作用，能使使用者不浪费精力，直取所需要的艺术核心。从这个意义上说，这套教材在国内还是具有填补空白的意义。

21世纪全国普通高等院校美术·艺术设计专业“十三五”精品课程规划教材编委会 」

目录 contents

中国高等院校

THE CHINESE UNIVERSITY

21世纪高等教育美术专业教材

The Art Material for Higher Education of Twenty-First Century

中国书籍装帧回顾
西方的书籍装帧

CHAPTER 1

灿烂的书籍历史文化

第一章　灿烂的书籍历史文化

第一节 中国书籍装帧回顾

中国是文明古国，在漫长的历史演进中，书籍形态方面的设计与制作也有着其丰富的历史。对于功能与审美的追求，可追溯到原始社会。

一、书籍的起源

上古时期的人们采用过各式各样的方法帮助记忆，其中使用较多的是结绳和契刻。我国上古时期的"结绳记事"法，史书上有很多记载。战国时期的著作《周易·系辞下传》中记载："上古结绳而治，后世圣人易之以书契。"汉朝郑玄的《周易注》中记载："古者无文字，结绳为约，事大，大结其绳，事小，小结其绳。"《九家易》中也说："古者无文字，其有约誓之事，事大，大其绳，事小，小其绳，结之多少，随物众寡，各执以相考，亦足以相治也（图1–1）。汉朝刘熙在《释名·释书契》中说："契，刻也，刻识其数也。"说明契刻的目的主要是用来记录数目。人们在订立契约关系时，数目是最重要的，也是最容易引起争端的因素，于是，人们就用契刻的方法，将数目用一定线条做符号，刻在竹片或木片上，作为双方的"契约"。这就是古时的"契"（图1–2）。

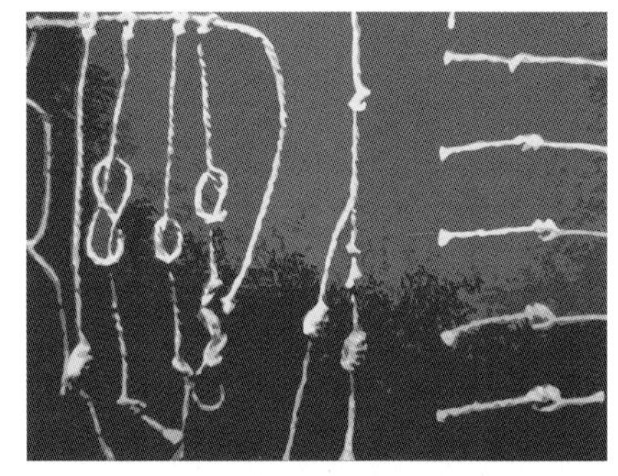
图1–1

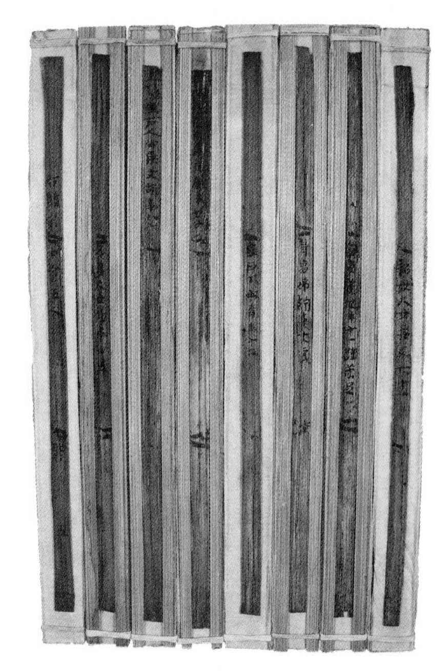
图1–2

古人结绳记事，可算是书籍孕育较早的形式。它的特殊性在于以绳子为扭曲、打结形成的形象来传达信息。结绳和契刻是形成最初的文字载体的契机。龙山文化（距今5500年至6000年）和良渚文化（距今5300年至4000年）的陶器上已经发现了刻画简单的文字，是我国发现的最早的文字，称为陶文。这一时期的陶文尚未被辨认出来，很可能是一种消逝了的文字。但从中可以证明，陶器是已知最早的人工制作的文字载事的形式（图1–3）。

甲骨文是一种负载文字的载体：兽骨。人类从自然界中提炼出具有特殊意味的符号图形刻在兽骨之上，出现了早期的象形的甲骨文字，同时文字亦有了载体，书籍的最早雏形也就出现了。商周（公元前16～公元前11世纪）后期的甲骨文书。甲是指龟甲，骨是指兽骨，主要是牛的肩胛骨，写刻在甲骨上的文字被后人称为甲骨文。因这些文字是商王朝用龟甲兽骨占卜凶吉时写刻的卜辞和与古人有关的记事文字，故又被称作契文、卜辞；又因甲骨最初出土于河南安阳小屯村的殷墟，故又被称作殷墟甲骨或殷墟文字。甲骨上记载的内容并不是为了传播知识，因此不能称为正规的书籍，但它是历史上一种重要的文字记录载体（图1–4）。

金属的文字载体——青铜器，中国的青铜时代从公元前21世纪开始，直到公元前5世纪止，经历了1500多年的历史，大体相当于夏、商、周以至春秋时期，大约在商代晚期的第二期铜器上才出现铭文。较早的铭文只有几个字，商代末年开始有较长的铭文，最长的有三四十个字，西周的铜器铭文增多，有近500字的长文，多为与祀典、锡命、征伐、契约等有关的记录。青铜器的铭文记载了我国许多古代文献，因此后人称之为青铜器的书（图1—5）。

除陶器、甲骨、青铜器之外，古人还在石头上刻字，谓之石雕。《墨子》书中有"镂于金石"之说。战国时代，在石头上刻字已经流行。现存最早的石雕是陕西出土的石鼓，是战国时代秦国的石刻，共10件，原文700余字，现存272字。在文字传播的准确性和广泛性上，石雕具有更大的意义，被后人称为石头书。因甲骨刻零碎不一，青铜铭文与石刻笨重，所以还难以普及流传，尚不能作为书的一种形式，只能是产生书的一种雏形（图1—6）。

图1—3

图1—4

图1—5

图1—6

中国古代用竹、木制成的书写材料，被认为是我国最早的成形书籍。

一根竹片叫做"简"，把多根简编连在一起叫做"简策"，"策"意与"册"相同。一块木板叫做"板"，写了字的木板叫做"牍"，一尺见方的"牍"叫做"方"。《论衡・量天篇》记载，"竹生于山，木长于林，截竹为牒，加笔墨之迹乃成文字"，"断木为椠，析之为板，力加刮削，乃成奏牍"。《礼记》说："百名以上书于简，不及百名书于方。"简策一般为长篇著作或文字，版牍的主要用途是记录物品名目或户口，也可画图和通信。

据考证，在公元前1300多年（商代末期），我国已有简策，后世一直沿用到印刷术发明之后，其间以春秋到东汉末年最为盛行。东汉以后逐渐为纸写本所代替。

帛书起源于春秋时期，实物则以1942年长沙子弹库楚墓出土的为最早。

战国时代，帛书与简牍是同时并用的。三国以后，纸逐渐通行，帛书随之渐少。

帛书的使用时间大约在战国到三国之间，即公元前4世纪到公元3世纪，长达七八百年之久。但帛书还存在产量低、价格昂贵、难以普及的缺点（图1—7）。

造纸术的发明促进书籍材料的伟大变革，东汉蔡伦总结西汉以来的造纸技术并加以改进，开创了以树皮、麻头、破布、鱼网为原料，并以沤、捣、抄一套工艺技术，造出了达到书写实用水平的植物纤维纸，称为"蔡侯纸"，成为中国古代四大发明之一。这是书籍制作材料上的伟大变革，在人类文明史上具有划时代意义（图1—8）。

在纸张开始流行的时代，石雕也很盛行，导致了捶拓方法的发明。拓印的方法是用微带黏性的药水润湿碑面，铺以纸张，用鬃刷轻轻捶打，使纸密着于石面，砸入字口，然后在纸上捶墨。这种方法拓下来的纸片称作"拓片"，用拓片装订成册的称作"拓本"。拓印本既不像简策那样笨重，也不像帛书那样贵重，又可以省去校对和抄写的麻烦，而且随要随拓，便于携带。这就大大方便了书籍的传播，促进了文化事业的发展。拓印是雕版印刷术的先驱（图1–9）。

雕版印刷术是积累了印章、碑刻、木板写字刻字、印封泥等经验逐渐发展起来的，是中国古代四大发明之一（图1–10、1–11）。其发明应在唐或更早的年代，现存最早的雕版印刷品是

图1–7

图1–8

图1–9

1966年在南朝鲜东南部庆州佛国寺释迦塔内发现的汉字译本《无垢净光大陀罗尼经》。据考证，此件雕印于706～751年间，是我国唐朝长安印本。雕版印刷的版材，古人用梓木，故称刻版为"刻梓"或"付梓"。以后也广泛使用梨木和枣木，故刻版亦被称为"付之梨枣"。雕版最通用的工艺是将锯好的木板经过水浸、刨光、搽油等方法处理，然后写样、雕刻，制成有阳文反文字的字版。印刷是把墨涂在文字上，铺以纸张，用棕刷在纸背上刷印，制成白纸黑字的印刷品（图1–12）。

活字印刷的方法是先制成单字的阳文反文字模，然后按照稿件把单字挑选出来，排列在字盘内，涂墨印刷，印完后再将字模拆出，留待下次排印时再次使用。北宋庆历间（1041～1048年）中国的毕昇（？～约1051年）发明的泥活字标志活字印刷术的诞生。他是世界上第一个发明人，比德国J.谷登堡活字印书早约400年。活字印刷由北宋平民毕昇发明。沈括《梦溪笔谈》载："庆历中有布衣毕

图1–10

图1–11

图 1—12

图 1—13

昇又为活板。其法用胶泥刻字，薄如钱唇，每字为一印，火烧令坚。先设一铁板，其上以松脂和纸灰之类冒之。欲印，则以一铁范置铁板上，乃密布字印，满铁范为一板，持就火炀之，药稍溶，则以一平板按其面，则字平如砥。……若印数十百千本，则极为神速。常作二铁板，一板印刷，一板已自布字，此印者才毕，则第二板已具，更互用之，瞬间可就。每一字皆有数印，如'之'、'也'等字，每字有二十余印，以备一板内有重复者。"（图 1—13～1—15）

图 1—14

活字印刷术的发明是印刷史上一次伟大的技术革命。它促进了书籍的发展。印刷的发展同时也使得书籍的装帧体系不断进步，促进了当时书籍装帧形式发展的多样化。

二、书籍装帧形式

1.最早的装订形式——简策装

竹木简的装帧形式。造纸术发明之前，中国古代的书大多写在一根根长条形竹片或木片上，称为竹简或木简。为便于阅读和收藏，用绳将简按顺序编连起来，后人称这种装帧形式为简策装。

简策装的方法是用麻绳、丝绳或皮绳在简的上下端无字处编连，类似竹帘子

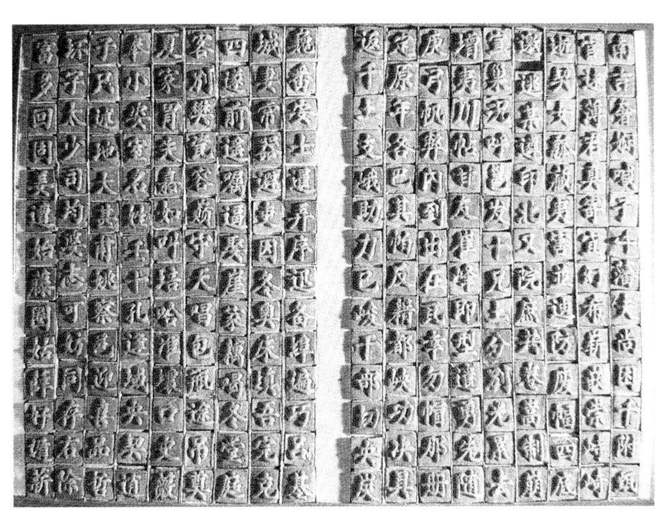
图 1—15

图 1—16

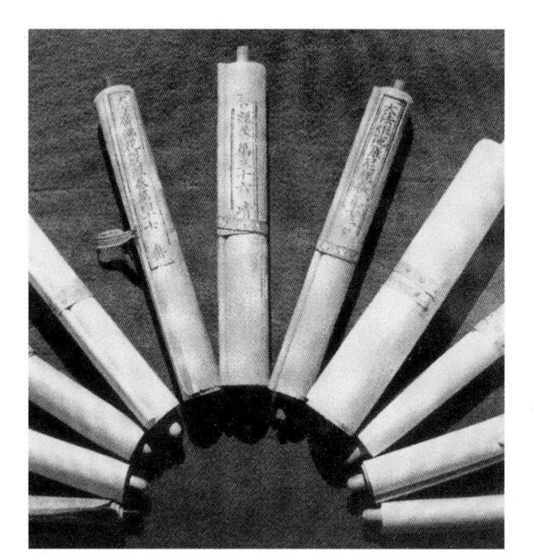

图 1—17

的编法。编完一篇内容为一件，称为策，也称简策。"策"与"册"义相同。用丝绳编的叫"丝编"，用皮绳编的叫"韦编"。编简成策之后，从尾简朝前卷起，装入布套，阅读时展开即卷首。

简策是我国最早的装订形式，商周时通行，到了晋代，随着纸的应用和纸本书的出现，简策书籍逐渐为纸本书所代替（图 1—16）。

2. 应用最久的装订形式——卷轴装

卷轴装始于帛书，隋唐纸书盛行时应用于纸书，以后历代均沿用，现代装裱字画仍沿用卷轴装。

卷轴装是由简策卷成一束的装订形式演变而成的。其方法是在长卷文章的末端粘连一根轴（一般为木轴），将书卷卷在轴上。缣帛的书，文章是直接写在缣帛之上的，纸写本书，则是将一张张写有文字的纸，依次粘连在长卷之上。卷轴装的卷首一般都粘接一张叫做"褾"的纸或丝织品。褾的质地坚韧，不写字，起保护作用。

褾头再系以丝带，用以捆缚书卷。丝带末端穿一签，捆缚后固定丝带。阅读时，将长卷打开，随着阅读进度逐渐舒展，阅毕，将书卷随轴卷起，用卷首丝带捆缚，置于插架之上。

精致的卷轴装主要表现在轴、签、丝带上，如钿白牙轴，黄带红牙签；雕紫檀轴，紫带碧牙签等（图 1—17）。

3. 由卷轴装向册页装发展的过渡形式——旋风装

旋风装由卷轴装演变而来。它形同卷轴，由一长纸做底，首页全幅裱贴在底上，从第二页右侧无字处用一纸条粘连在底上，其余书页逐页向左粘在上一页的底下。

书页鳞次相积，阅读时从右向左逐页翻阅，收藏时从卷首向卷尾卷起。

这种装订形式卷起时从外表看与卷轴装无异，但内部的书页宛如自然界的旋风，故名旋风装；展开时，书页又如鳞状有序排列，故又称龙鳞装。

旋风装是我国书籍由卷轴装向册页装发展的早期过渡形式。现存故宫博物馆的唐朝吴彩鸾手写的《唐韵》，用的就是这种装订形式（图 1—18）。

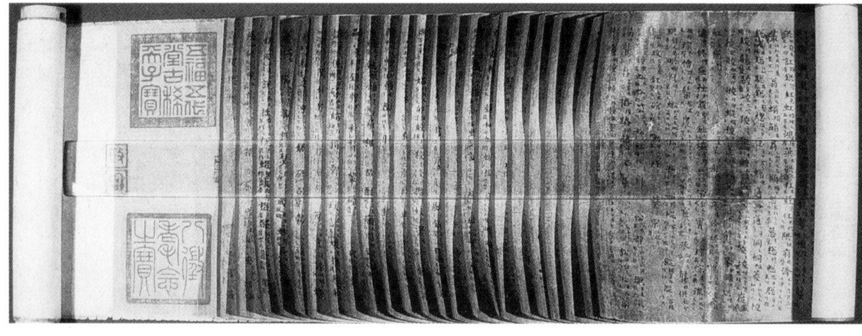

图 1—18

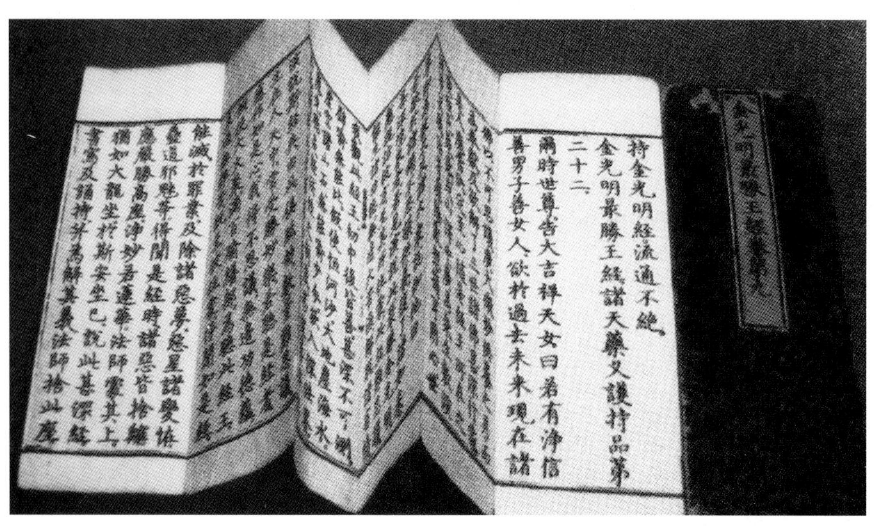

持金光明經流通不絶。
金光明最勝王經諸天藥叉護持品第二十二。
爾時世尊告大吉祥天女曰：若有淨信善男子善女人，欲於過去未來現在諸

图 1—19

4. 由卷轴装向册页装发展的过渡形式——经折装

经折装是首先用于佛经的一种装订形式，始于唐代末年。佛家弟子诵经时为便于翻阅，将长卷经文左右连续折叠起来，形成长方形的一叠，也有人认为是受印度贝叶经装订形式的影响而产生的。以后一些拓本碑帖、纸本奏疏亦采用这

种形式，称为折子或奏折。

这种装订形式已完全脱离卷轴，从外观上看，它近似于后来的册页书籍，是卷轴装向册页装过渡的中间形式（图1−19）。

5.早期的册页形式——蝴蝶装

“蝴蝶装”简称“蝶装”，是早期的册页装。它出现在经折装之后，由经折装演化而来，约出现在五代后期，盛行于宋朝。

蝴蝶装的方法是把书页沿中缝将印有文字的一面朝里对折起来，再以折缝为准，将全书各页对齐，用一包背纸将一叠折缝的背面粘在一起，最后裁齐成册。蝴蝶装书籍翻阅起来犹如蝴蝶两翼翻飞飘舞，故名“蝴蝶装”。

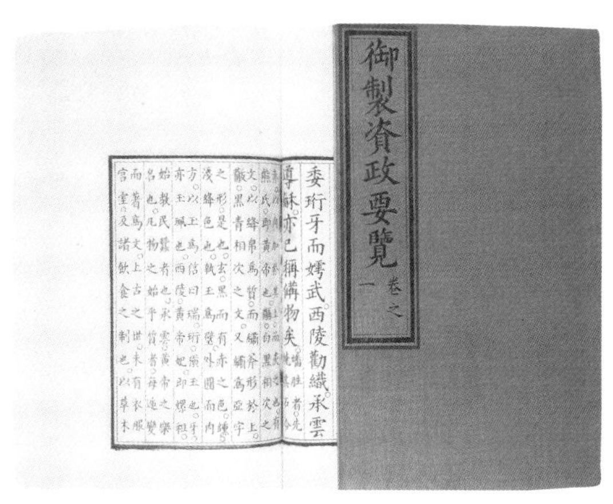

图1−20

图1−22

书籍的装订形式发展到蝴蝶装，标志着我国书籍的装订形式进入了“册页装”阶段（图1−20）。

6.宋末开始出现的装帧形式——包背装

包背装又称裹后背，是在蝴蝶装基础上发展而来的装订形式，出现在南宋末，元、明、清均较多使用，明代《永乐大典》，清代《四库全书》就是这种装订。包背装与蝴蝶装的主要区别是对折书页时版心朝外，背面相对，翻阅时每页都是正面。

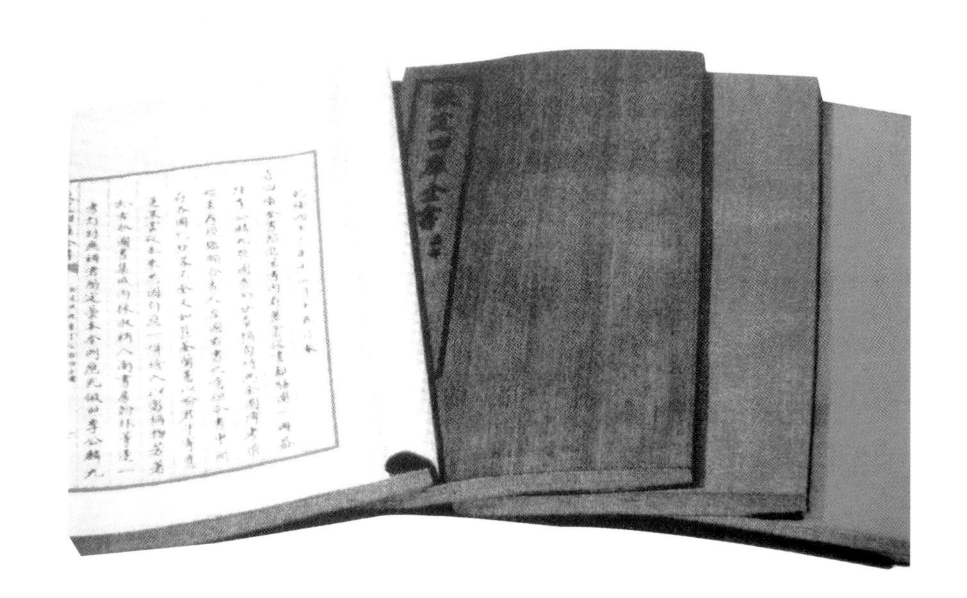

图1−21

其装订方法是折页对齐，在右边栏外打眼，穿订纸捻，砸平固定裁齐，然后用一张较厚的纸从右侧书背裹装起来，书背处用糨糊粘牢（图1−21）。

7.明代中期以后盛行的装帧形式——线装

线装的折页与包背装完全相同，版心朝外，背面相对。不同之处是改整张包背纸为前后两个单张封皮，包背改为露背，纸捻穿孔订改为线订（图1−22、1−23）。

线装装帧是中国传统装订技术史中最先进的一种，线装书籍便于阅读，又不易散破。线装书籍的工艺方法和书籍式样，后来有了不同程度的变化，比如“包角”、“袍套”等，但均未超出线装范围。

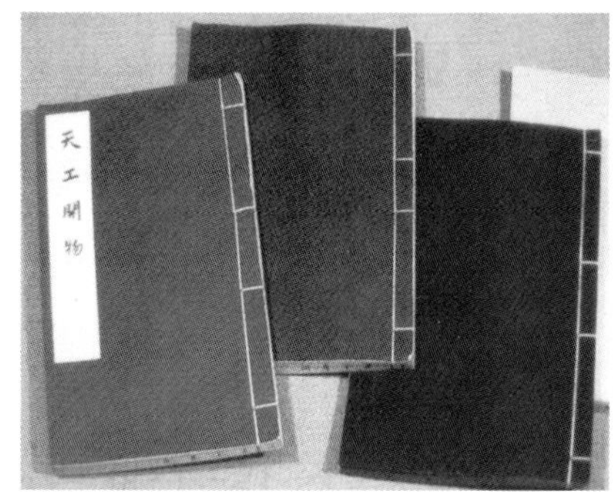

图1−23

第二节 西方的书籍装帧

自西洋人传入活版印刷和铸造汉文铅字粒，现代印刷技术开始发展起来。书籍的装帧方法也采用了洋装。可见书籍装帧形式是和时代的生产状况、政治制度、经济状况及印刷术的发达程度相关联的。

古腾堡是西方印刷史上一个革命性的人物，15世纪中叶，他在德国的美因兹造出了使用合金活字的印刷机，研制出了印刷用的印油和铸字的字模，印出了欧洲第一部活字版的《圣经》(通称42行圣经)。古腾堡的发明促进了艺术、文学、科学研究的兴起，加快了文艺复兴的步伐，贵族社会为之崩解，宗教革命由此兴起，引起了印刷领域革命性的变化（图1-24、1-25）。

值得一提的是"摇篮本"(incunabula)，在目录学中泛指于1450~1500年间在欧洲用活字印刷的任何西文书籍。它代表着西方书籍装帧艺术水平，随着机械装置的应用，印刷业也开始发生变化，大批量印刷的商业性书籍逐渐失去了作为手工艺术品的价值。科内利乌斯·伯克汉姆于1688年在阿姆斯特丹出版的一部15世纪活字印刷书目，书中首次采用了"摇篮本"这个术语来描述早期的西文印刷书。而意大利著名印刷商阿尔德斯·马努蒂乌斯1501年为廉价书专门设计的斜体活铅字标志着西方印刷史上一个"摇篮本"时代的结束（图1-26）。

谈到西方的书籍装帧，最早的功德也该归于寺院僧侣，他们是有闲阶级，又有一定的学识。6世纪时，为了保护抄于皮纸上的经卷手稿，他们学会将手稿夹在两块薄板之间，边上用线缝上。埃及和北非的制革工艺在7世纪时由于穆斯林的入侵被带入西西里岛和西班牙，皮革便成了西书装帧的主要材料（图1-27）。后来，他们在薄板上裹上皮面，又在皮面上刻印花纹，镶上宝石、象牙和金片。中世纪时的寺院，聚集着一大批学者、艺人、刻字家、金银首饰工、皮匠和木匠，他们共同刻书、抄经，此时的制书业为寺院专有，它是爱好、是繁复的手工工作，更是信仰，书籍的花饰与教堂的祭坛相呼应。

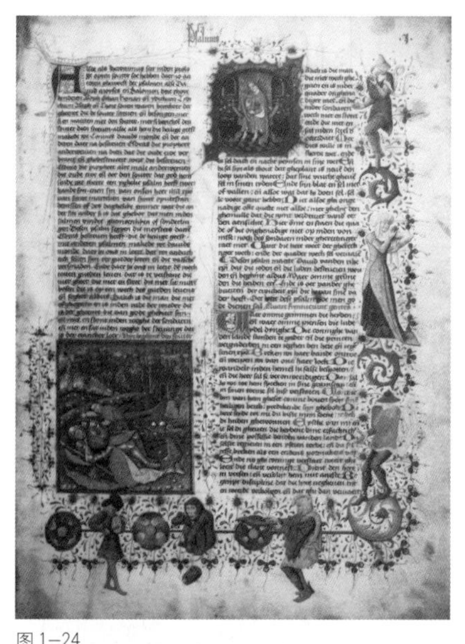

图1-24

图1-25

可惜活字印刷史前的书籍，流传下来的已很少，英国现存最早的皮面书籍是7世纪时印刷的《圣约翰福音》(Gospel of St. John)，是在基督教隐修士圣库斯伯特(St.Cuthbert，635~687年)的墓中发现的，书长133毫米，宽95毫米，封面封底的木板外包裹有深红色的皮革（图1-28、1-29)。

在早期的西书装帧史上，无论是新技术的采用，还是新样式的流行，英国一直比不上意大利和法国。有人说，这是因为书籍装帧工艺复杂，有装订(for－warding)和装饰(finishing)之分，前者缝合、切割、镶皮、按压是技术，后者是勾勒花纹、压印图案更是艺术。在法国的书籍装帧业中，这两种人是分开的，装帧师们讲求的是集体合作，故而易有新意、易出新品。而英国的装帧师则大都单枪匹马，一个人完成各道工艺，自然困难。文艺复兴之后，书从寺院中"走"出来，1476年，卡克斯顿(William Caxton)在伦敦创立英国第一家印刷所，开始了印书、装订、出版的生意，此时流行的是德国式的装订风格，

图1-26

图1—27

图1—28

图1—29

皮面上多是菱形的本色压印花纹(blind tooling)，古拙、质朴而含蓄。此时，也开始出现“装饰印章”(panel stamps)，这是将花纹装饰刻在一块金属上，类似钢印，制书时可用螺旋压力机将花纹印在书面上，也常被后人用来作为鉴定装帧师作品的一种依据。例如15世纪时，一位名叫潘逊(Pynson)的装帧师设计过一种花饰印章，花纹是玫瑰花饰，外围有葡萄藤叶及其他藤萝图案，同时，饰有此书印刷装帧出版的赞助人家中纹章的印章也很多，这种印章只在16世纪下半叶及17世纪上半叶流行（图1—30)。

当时，制书业最大的恩主是皇室，宫廷中拥有最好的印书家、装帧师，宫廷图书馆也总是收有最好的书卷。16世纪亨利八世时，著名宫廷印刷装帧师雷诺斯(John Reynes)不仅使用一对以宫中纹章为图案的印章，还用以花、鸟、蜂、狗为商标的印章，这无疑使印章图案多样化。到了16世纪后半叶，印章的图案更生动，从传说、神话、宗教中引申出的图案繁多。然而，用印章压印花纹的速度还是太慢，随着对书的需求量的增加，装帧师们开始使用花轮(rolls)。花轮是把图样刻在轮状的木或金属上，滚动花纹，图案便会很快地重复印在书面上。虽然有此种工具，然而当时最好的装帧仍在意大利和法国，英国装帧师只是步他们后尘而已。烫金压印花纹(gold too — ling)已在意大利和法国流行了近百年，但英国仍是原色的黯淡时代。终于，有一位名叫贝思利特(Thomas Bethelet)的法国人在伦敦定居，成为亨利八世的宫廷装帧师，引入了夸张、漂色、奢华的金色压印花纹，滋润的皮面熠然生辉，再加上书边切口处的染色烫金，英国的书籍装订渐趋华丽。

17世纪末，米恩(Samuel Mearne)荣任查尔斯二世宫中的出版商及装帧师，他虽不亲自动手订书，但他的设计很出名。他为皇宫藏书共设计过三种风格的装订，第一种是长方形设计，封面上是单线或双线金饰，正中是盾形纹章或恩主的家族饰章;第二种设计是“满天星”式，整本书的封面布满彩色嵌印花纹(coloured inlays)和花饰压印图案;第三种也是最著名的一种叫“木屋村舍”式，这种装帧虽也用流行的滚印花纹，但不同的是它又有呈几何图形的有角度的线条，

图1—30

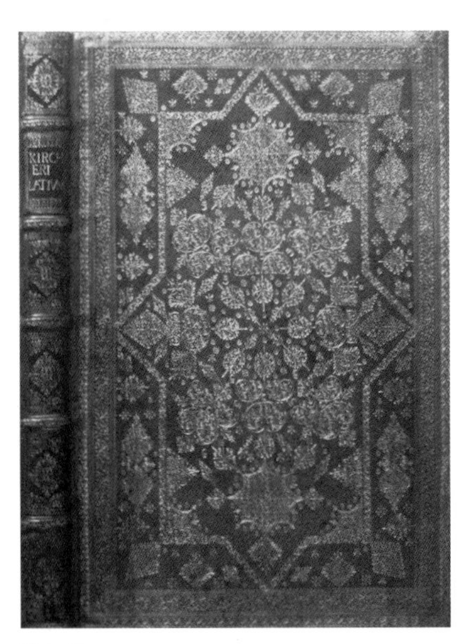

图1-31

这些线条正巧组成房檐儿的形状，上下对称，很别致。这种"村舍"图案在1660年后广泛流行（图1-31）。

到了18世纪，有一位名叫佩恩(Roger Payne，1738～1797年)的人给英国的书籍装帧业带来了转机。佩恩出生于温莎森林，十几岁时到伦敦，跟着一位书商学艺。1766年，他开了自己的书籍装帧所，与弟弟托马斯(Thomas Payne)和威尔(David Wier)合作。他从未入宫廷，但却有许多富有的藏书家们做他的恩主，请他装订书籍。佩恩是位奇人，也是位怪人，他显然是不善经营，常与合作者吵架，虽生意不断，但却常常入不敷出；他衣着破烂，工作室中污浊不堪，更是饥一顿饱一顿的，他喝酒比吃饭还多，故而腹中饥饱常常也不察觉。他晚年穷困潦倒，全靠弟弟接济，死时几乎无钱入葬，但一生手订之书却是无价之宝。他常用丝线缝书，在包装皮面之前，书脊上总是要先贴上一层俄罗斯皮，这样，他的书总是很耐久结实，他也常常用皮革裱贴书脊；扉页用纸，也很严格，他一向使用他自己命名的"紫色纸"(purple paper)；包裹封面的皮革，常常是染成红色、橄榄绿色或蓝色的山羊皮，他是第一个使用"直纹山羊皮"(straight—grained Morocco)的，"直纹"是指先对皮革进行处理、设计、压印花纹，然后再裱贴包裹于书封面上，这是书籍装帧史上的一大发明。由于贫穷，他得常常自己制作装订工具，这也使他有别于其他人。他的装帧风格往往是书脊上饰有浓重繁复的花饰，而封面或封底反而简单淡远。封面四周先是一圈无彩的花轮滚出的图案，略往里的四角上有金饰或染彩的压印花纹，正中常有象牙浮雕小徽章，内裱衬用皮纸，书脊上除了花饰外，还有突出的帖带(raised band)，他很少用假帖带(false band)（图1-32）。

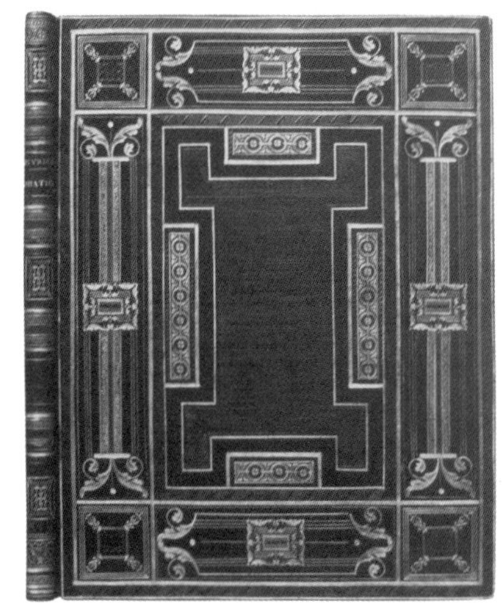

图1-32

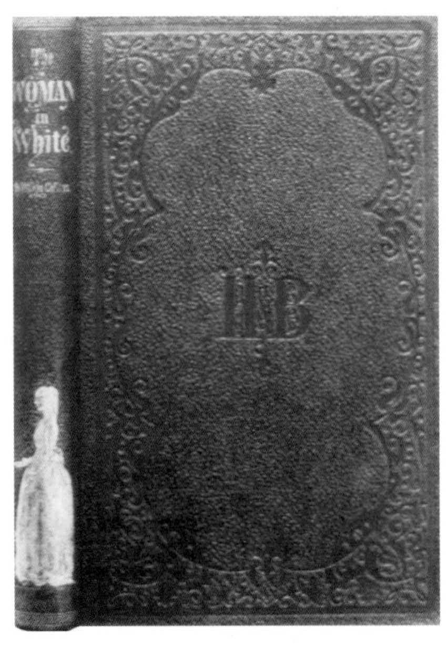

图1-33

佩恩的装帧使典雅华贵与耐久结实相结合，开辟了一代新风，法国、意大利的装帧师们也纷纷回头，转而向从来落后的英格兰学习。在后代中，模仿佩恩的人层出不穷，例如刘易斯(Charles Lewis)，但却无人超过他，刘易斯的装订功夫极精，装饰感觉却不行，要二者都如佩恩，谈何容易（图1-33）。

工业革命对制书业无疑是一大刺激，书籍装帧不再为王公贵族专有，一般的中产阶级家庭中总要收集一些皮面书，大些的家庭更是设有自己的小图书馆，不论是附庸风雅也罢，趣味高尚也罢，书籍装帧仍靠手工，书架之间的空白推动着制书业的发展，印刷、装帧的作坊比比皆是，商业装帧师(trade bindes)成了时髦行当。制作精良的虽不甚多，但仍有上品，最著名的是HalifaX的爱德华滋一家(Edwards)。1785年他们发明了内画透明牛皮纸(Vellum)，这种牛皮纸经过特别的处理，他们在牛皮纸的反面画上神话寓言中的形象或盾形纹章的花形，装帧时仍正面朝上，这样图案既能显出，又不会被损坏，别出心裁。此外，他们也使"伊鲁特里亚式装帧"(Eutruscan style)更为流行，这种装帧是将小牛皮酸洗染色，模仿古希腊和伊鲁特里亚赤陶花瓶的花纹颜色，偶尔配以极简单的金线压印花纹，又将风景图案画在书边上，但在书合拢时，

图 1—34

书边只呈金色，打开书时风景才会现出，这种仿古的设计与当时流行一时的古典主义之风也有关系（图 1—34）。

手工的商业装帧制书业的好景不长，到了 19 世纪，机械化的发展又将商业装帧师们挤向边缘，裁纸、切边、压印、缝合，都能由机器来完成，机械制书的艺术趣味虽渐寡淡，效益却大。手工制书装帧的商业价值降低，反而使之更成为一门艺术，献身者孜孜以求。到了 19 世纪末，在威廉·莫里斯所倡的艺术工艺运动推动下，手工书籍装帧工艺又在英国勃发生机，科布登－山德逊（T. J. Cobden－Sander－son，1841～1922年）是其中佼佼者。山德逊着眼于书籍装帧业时，年届四十，已是颇为成功的律师。他爱空想，从来记不住与别人约会的时间，但却爱创新，早在那时，在人们仍不知东方是何物时，他已是清晨即起，练习瑜珈了。他一直希望能从事一种创造性的工作，"不仅是创造，而且是要创造与知识有关的美的东西"。有一天晚上，在莫里斯中世纪的家中，莫里斯的妻子珍妮轻描淡写地提到书籍装帧，山德逊顿悟，第二天，便前往装帧师De Coverly那里拜师学艺去了，三年以后出师，在妻子安妮的帮助下独立开业，1893年，他创建多佛斯装帧所（Doves Bindery），1900年，成立多佛斯出版社（Doves Press）。

山德逊可谓是位业余装帧家，制书出版，对他来说只是兴趣，而不是谋生之道，故而他可不循旧规，可以在新法上下工夫。他向来是自己独立完成整本书，装订时，他是位能工巧匠，装饰时，他又是位有识有情有趣的艺术家。莫里斯与本恩－琼斯合作的那本最著名的Kelmscoff《乔叟作品集》，425本限定本中有46本是由多佛斯装帧完成的。他常用鲜艳的皮质装帧书籍，他同佩恩一样在生活上稀奇古怪，却也同他一样在制书上创出自己的风格。例如那本雪莱的诗集《阿多尼斯》（Adoncis），橘红色的山羊皮，皮质细润，色彩艳美，封面上的图案是由几种很简单的压印花纹组成，简单明朗的几何形安排，花饰直接取自于大自然，看去却很丰富，很繁盛，在他的手中，烫金的压印花纹仿佛活过来了一样。他共设计过 2000 多种样式花案，自 1844 年到 1905 年间，他共装订监制了 816 本书，现在，这些书大都收藏于牛津大学Bodleian图书馆中（图 1—35、1—36）。

山德逊影响着后人。本世纪社会的商业气息渐重，机械化程度渐高，手工装帧制书业更趋边缘，只能是业余所爱。许多现代装帧家们便是从山德逊处得到自信，终致 20 世纪 50 年代在英国能有"设计师装帧家协会"的成立，终致如今大英图书馆中每年都能有这样一个展览，这都与山德逊所创下的愿为"业余"，甘于寂寞的精神分不开。时过境迁，现代主义艺术思潮也冲击着手工制书业，使 20 世纪的手制书大别于以前几百年。然而，技

图 1—35

图 1—36

图 1—37

图 1—38

巧、情趣、独特性仍是取胜的关键。

现代书籍设计艺术的发明以英国的实用设计家威廉·莫里斯为代表人物。他倡导"手工艺复兴运动"影响着书籍装帧艺术的发展。他亲自办起印刷厂，亲自进行设计艺术工作，并印刷、装订和出版了多卷精美书籍。他注重字体的设计，封面的设计也十分优雅、美观、简洁，使书籍的外表与内容和谐，精神与艺术气质统一，讲求工艺技巧，制作严谨，一丝不苟。而后，一代大师如克利、康定斯基等人都介入书籍设计艺术中，使得书籍设计受同时代艺术思潮的影响，表现主义、未来主义、达达主义、欧普艺术、超现实主义和照相现实主义等都在封面、护封及插图设计中有所体现。19世纪90年代，护封在商业经济竞争中起到了一定的促销作用，强调护封与书籍本身的内容在精神本质与艺术形式上相统一的观点至今未变（图1—37～1—42）。

图 1—39

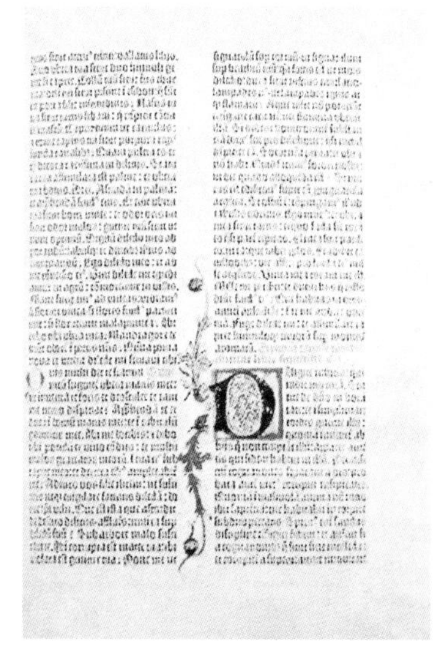

图 1—40

图 1—41

图 1—42

中國高等院校

THE CHINESE UNIVERSITY

21世纪高等教育美术专业教材

The Art Material for Higher Education of Twenty-first Century

书籍开本设计
书籍的整体形态要素

CHAPTER 2

把握书籍设计整体形态结构的功能性

第二章　把握书籍设计整体形态结构的功能性

第一节　书籍开本设计

在书籍设计之前，首先要确定书籍的开本、大小及长宽比例，开本是书籍的基本外在形态，它是机制纸与机械化印刷术出现的产物。目前我国出版物的开本比较单一，是与纸张规格大小等因素分不开的。

我国常用纸幅尺寸是787mmX1092mm（正度），850mmX1168mm（大度），进口特种纸的尺寸为700mmX1000mm等，开本的形态与尺寸，同纸张的规格有着直接的关系。这些纸幅的最大特点是能连续对折裁成对开、4开、8开、16开、32开……等开数的尺寸比例，其长宽比例均与原纸幅比例相同，如：

787mmX1092mm（正度纸）的正度16开尺寸为：130mm X184mm

850mm X1168mm（大度纸）的大度16开尺寸为：210mm X285mm

确定一本书的开本有以下几个因素：

1.使用要求

如供旅游者阅读的书籍，开本不宜过大或过宽、过厚。以便于携带和拿在手上阅读为宜。

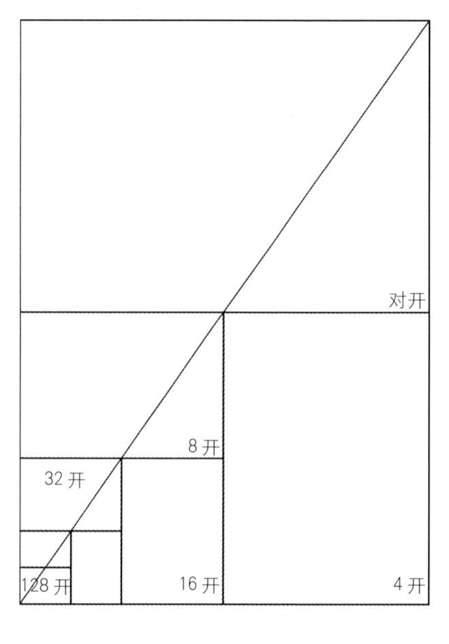

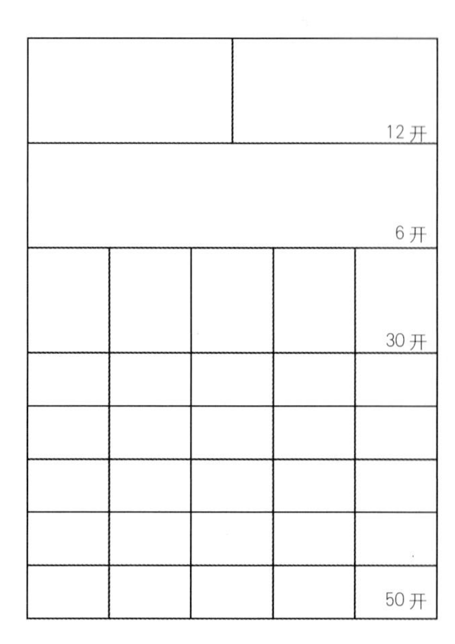

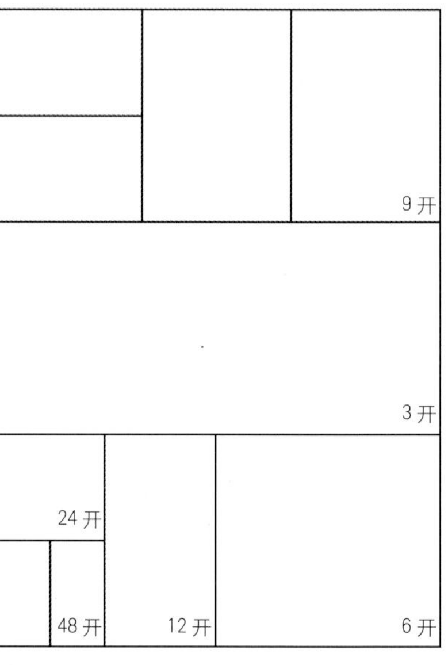

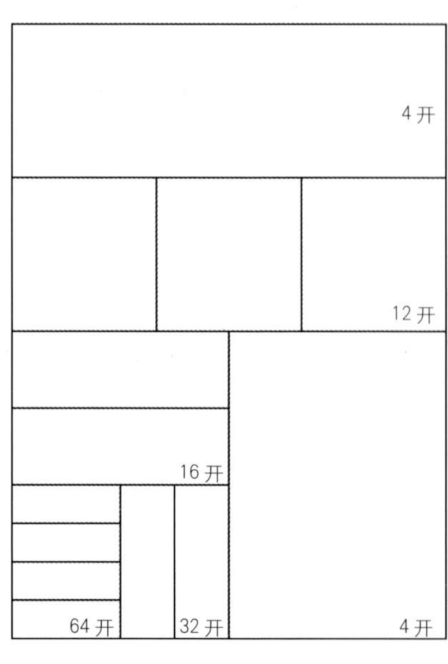

图2–1

2. 比例美感

书籍是一个六面体。它包括封面、封底、书脊、外切口、上下切口，现在常用的32开本，则是根据古希腊建筑的黄金分割法比例而定，被认为比例最美的开本，至今仍是沿用最多的一种开本比例。

3. 因内容而设

书籍内容是装帧设计的基点。根据内容选择恰当的开本比例，会让人第一眼感受其特有的韵味，这是书籍内涵的外化表现手段之一。如几十万字的书与几万字的书，选用的开本就应有所不同，一部中等字数的书稿，用小开本可获得浑厚、庄重的效果。反之用大开本则显得单薄，缺乏分量感。为内容字数多的书设计，除用大开本减少页数外，可保持开本大小，分成多册处理。

4. 经济条件及材料的制约

一些经济实惠的书籍，开本不宜大，常适用小32开，另外如纸幅大小等材料的制约也是开本设计需要考虑的因素之一（图2-1）。

第二节　书籍的整体形态要素

现代书籍的形态要素与我国古籍线装书有所不同。以精装书的整体设计而言可分为外观部分与内页部分，前者包括函套、护封、硬封、书脊、腰带、顶头布、环衬页。后者包括扉页、目录、章节页、正文、插图页、版权页（图2-2、2-3）。

一、书籍的函套设计

书籍函套的作用是保护书籍，中国古籍多卷集为了保护与查找方便，多采

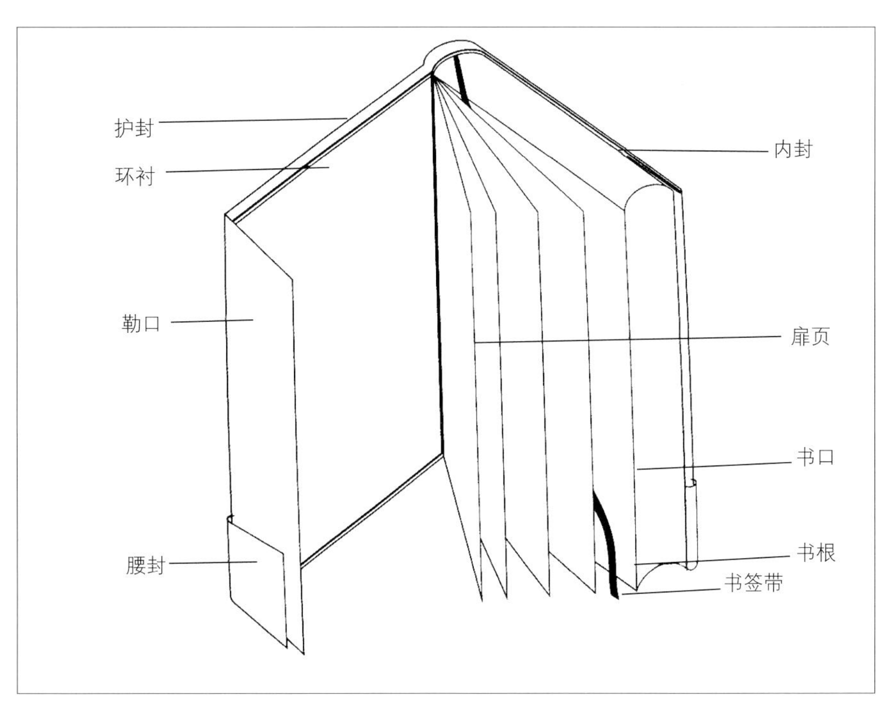

图2-2

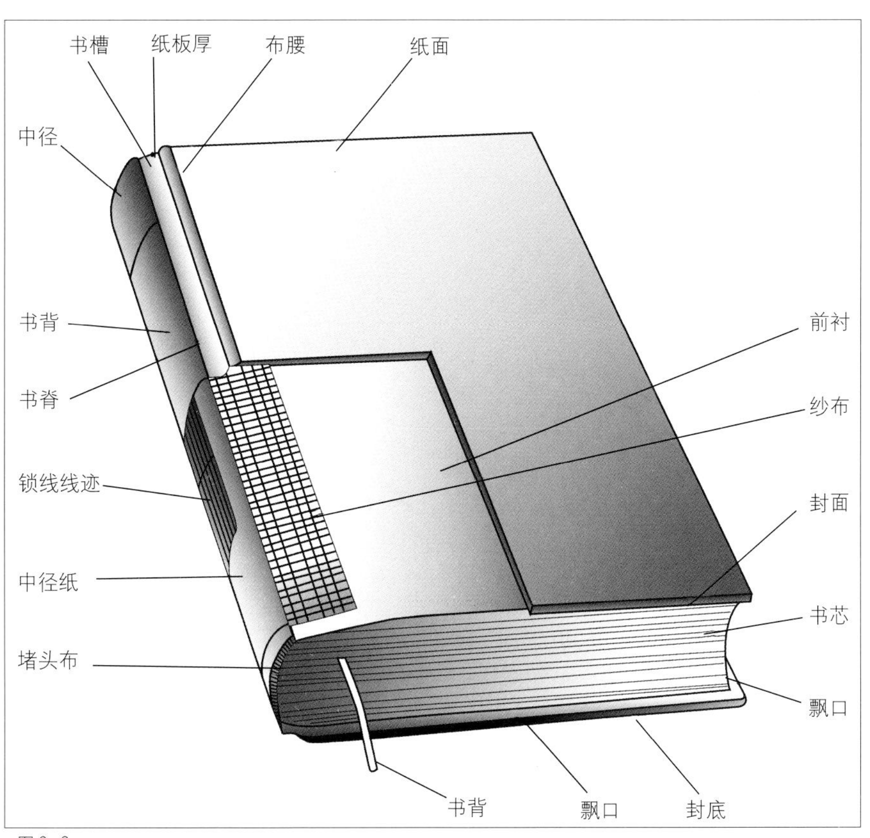

图2-3

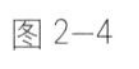

图 2-4

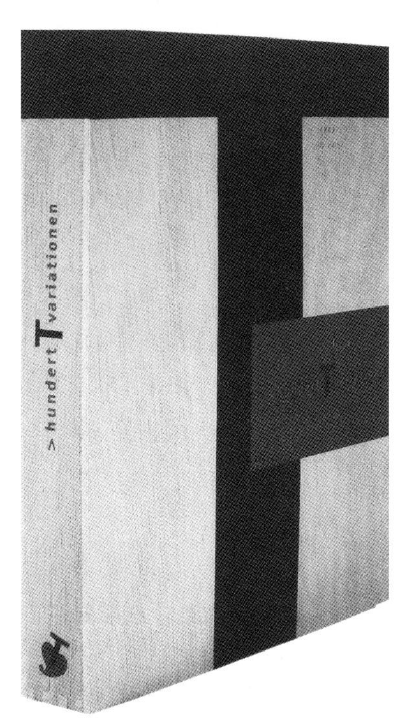

图 2-7

图 2-5

图 2-8

图 2-6

图 2-9

用木质书盒。后出现较厚纸板做材料，用丝绫或靛蓝布糊裱书套。古籍常见的如意套：设计精巧、合理、实用，收展自如，逐渐成为一些经典精装本书籍不可分割的一部分。现代新材料的介入与应用，如纸板、棉织品、动物皮革及人造革、塑料，甚至金属质感以及一般设计者想象中难以与书籍产生联系的结绳、焊接、镶嵌工艺等。用尽不同的手段去营造书籍独特的个性品位。

书籍函套设计应着重材料的选择与结构的设计：

1.充分发挥材料质地的视觉或触觉肌理的表现力。

2.结构的使用方便，合理和形式具有创新意识。

3.与书籍内容协调一致。

目前图书函套用插入式书函，多出于制作简易，成本低的想法（图2-4～2-9）。

二、护封设计

护封也称护页或称外包封。它是由封面、封底、书脊和前后勒口构成。护封的封面、书脊、封底一般都是展开设计。便于在文字、图形与色彩等元素的连贯性达到前后呼应的效果，护封起广告与保护封面的作用。

前后勒口或称之"折口"，它的作用是：(1) 连接内封的必要部分。(2) 利用它编排作者或译者简介；同类书目或本书有关的图片以及封面说明文字，也有空白的。勒口的尺寸一般不小于6cm，宽的可达书面宽度的2/3位置。

书脊是往往容易被忽视的位置，然而书脊在书籍装帧中是相当重要的部分。因为书籍放在书架上，脊便成"面"了。书脊分为方脊、圆脊。方脊线条清晰，现代感强。圆脊厚重、严实，经典味强。书脊设计功能要求：(1) 个性明显，便于查找。(2) 多卷集的书籍注重系列、统一性。(3) 由书名，著、译者，出版社及相关装饰图形构成（图2-10～2-13）。

图2-10

图2-12

图2-11

图2-13

三、硬封

硬封又称内封，它与护封是一种互为补充的关系，因而设计构思上采用繁简两种方法，护封设计复杂，硬封则可以设计简单一些，设计更趋于单纯和简洁，色彩与图形运用趋于符号化。常用的材料有纸面、布面或皮革面。也有书脊部分单独使用布质、皮革。其余使用纸面。制作工艺主要采用烫金、压凹凸、压暗纹手段处理。总之，硬封设计应考虑在不破坏书籍的整体风格基础上加以巧妙构思设计（图 2–14～2–17）。

四、腰带

腰带放置在护封的下方，主要作用是刊印广告语，如同半个护封。它的设计主要是考虑到封面的字和画面构图，以不破坏护封主体效果为原则（图 2–18）。

五、书签带及书签

装在书脊上方的一条细丝带，它是读者根据阅读需要，将它移至某页起到记忆阅读方便的作用。也有用专门设计的卡片夹在书籍中，称之为“书签”。书签与书签带作用相同。书签带用于精装书籍，书签则多用于平装书籍（图2–19、2–20）。

图 2–15

图 2–18

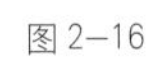

图 2–16

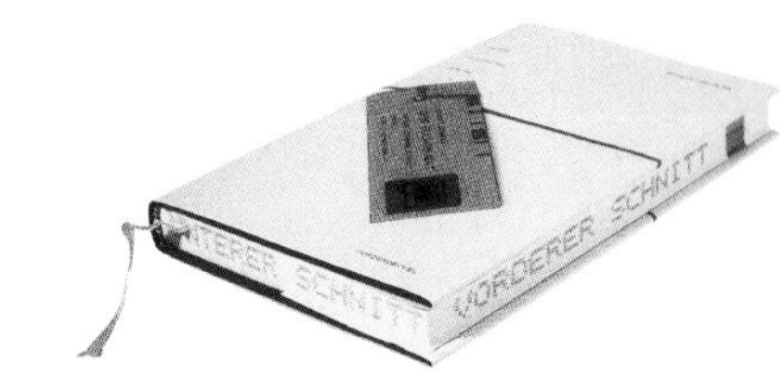

图 2–19

图 2–20

图 2–14

图 2–17

六、顶头布

用专制的布条粘在精装书书脊内上下两端，也称"脊头布"。起保护书脊作用，也有一定的装饰效果，它如同衣服的领口、袖口衬托出一种完整感。顶头布要选择与封面色调一致的纺织品（图2-21）。

图2-21

图2-22

图2-24

七、环衬页

环衬页是指内封与书页连接的部分，衬在上面的叫上环衬，在下面的叫下环衬。平装书有时也采用上、下环衬，作用是使封面翻开不起皱折，保持封面平整。精装书的环衬主要作用是使硬封包过来的材料起装饰收口作用，环衬是连接封面（封二）与书芯的两页四面跨面纸。它也是设计者的用武之地，可以是花纹装饰，也可以图文烘托，其图纹前后环衬可完全一致，但不宜繁杂、喧宾夺主。因为环衬与扉页是互补与渐进关系，正如房子不能打开门就是卧室需要作过渡。精装书籍后加插空白页，是让阅读者逐步从封面喧闹气氛中安静下来，这才是真正为读者着想的设计（图2-22～2-26）。

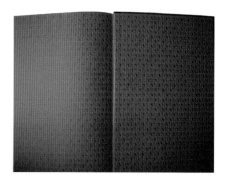

图2-25

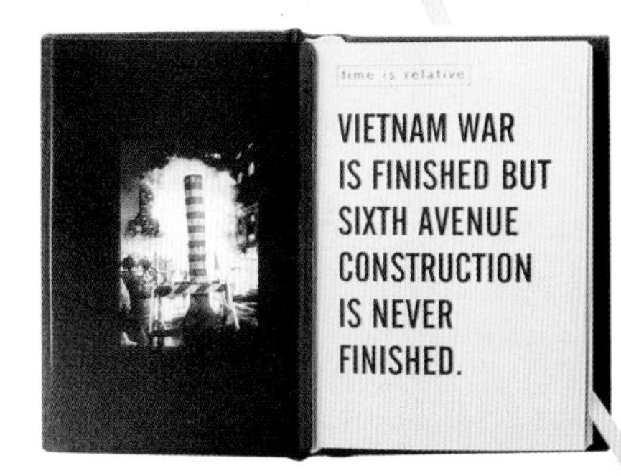

图2-23

图2-26

八、扉页

扉页又称为书名页，是正文部分的首页。扉页基本构成元素是书名、著、译、校编、卷次及出版者。作用是使读者心理逐渐平静而进入正文阅读状态。扉页字体不宜过于繁杂而缺乏统一秩序感（图2—27）。

图 2—27

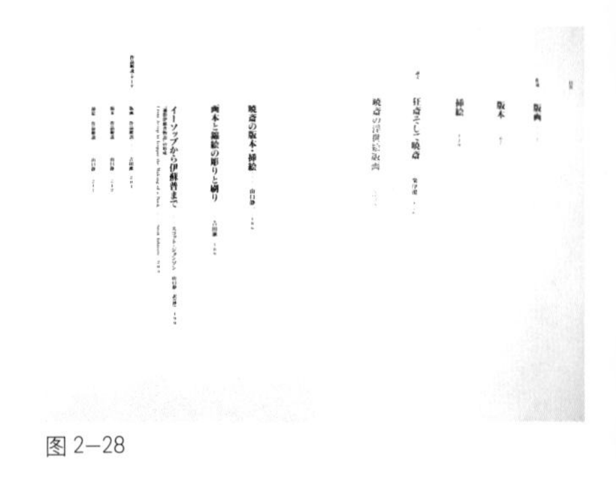

图 2—28

九、 目录、章节页

目录页是给阅读者提供书籍内容索引。所以设计应突出条理清晰、便于查找的特点。

章节页是插附于书籍的章节之间，设计要注意单纯和导向性强，亦可加插小图作装饰，但须把握尺度（图 2—28）。

十、正文及插图页

正文页是书籍的内容部分，读者视觉接触时间最长的部分。它设计的优劣直接影响读者的心理状态。正文页设计属版面设计范畴，主要是版心设计、字体、字号、字距、行距的选择。

插图页是书籍装帧设计的构成元素之一，离开书籍，插图便失去了意义，插图画家应时刻记住这一点。而装帧设计者也应让插图画家充分了解书籍设计的设想，以便让插图阅读真正成为书籍不可分割的一部分。插图在书籍版面设计中形式主要有独幅插图、文中插图、固定位置放图三种形式（图 2—29～2—31）。

十一、版权页

版权页是一本书的出版记录及查询版本的依据。版权页应按国家规定统一项目与次序设计。版权页所放位置一般在正文之后，也可放在扉页背面。版权页关键在于项目的完整。版权页上往往置上国际标准书号、责任编辑、设计者、翻译书、原版书名、作者、出版社及出版时间、版次等。

图 2—29

图 2—30

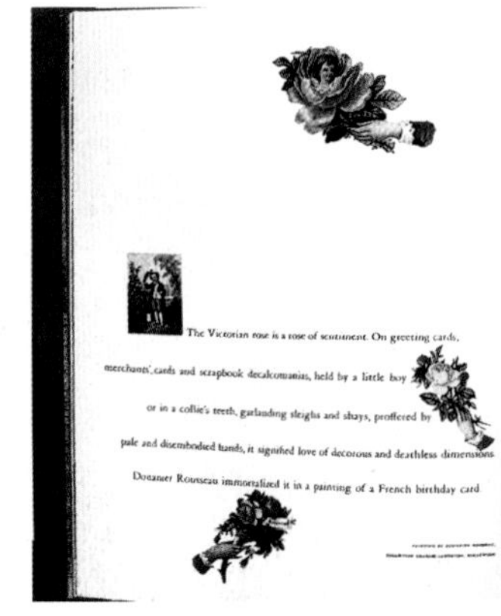

图 2—31

书籍形态的概念
书籍形态的发展与演变
书籍形态的整体之美
书籍形态的对比和谐之美

CHAPTER 3

书籍形态之美

第三章　书籍形态之美

第一节　书籍形态的概念

形态是设计学科中一个很重要的概念，它包含两方面内容——"形"与"态"，"形"指的是事物的形式、形状；"态"指的是事物的状态、态势。其中，"形"是"态"的形成基础，"态"是"形"最终要达成的结果，"态"是在"形"的基础上，通过对"形"的感知而生成的感观状态或内容体验。简单地说，形态就是由形所生成的感观状态或内容体验。在我们的周围，形态无处不在，世界就是由各种形态所构成的，自然形态中的山水花草，人工形态中的用品工具，几何形态的冷静理性，有机形态的活脱感性，抽象形态的玄妙模糊，具象形态的清晰明确。书籍作为传承人类文明和信息的载体，是一种人工形态，在千百年的历史流变的过程中，已形成了自身独特的形态美，凡此种种举不胜举（图 3–1、3–2）。

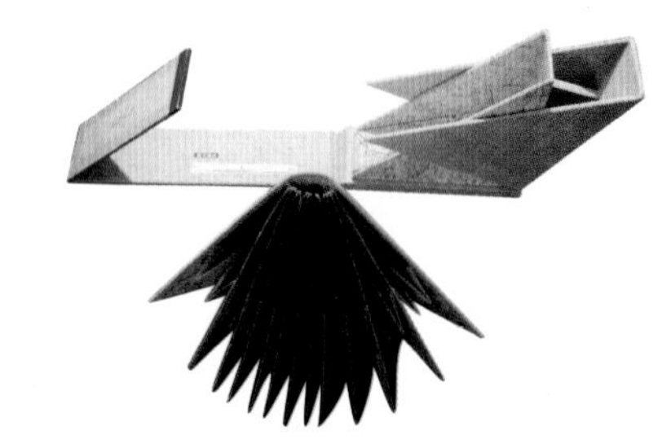

图 3–1

图 3–2

第二节　书籍形态的发展与演变

我国书籍形态经历了甲骨文、青铜铭文、简策、帛书、卷轴装、旋风装、经折装、蝴蝶装、包背装、线装、平（精）装等形态的演变。到现代，平装、精装书已成为最普遍的书籍形态。中国的书籍形态到了现代之所以会选择平装、精装，这与社会的发展、科学技术的进步、西方文化的东渐等因素有关。辛亥革命之后，中国的封建王朝被推翻，这一划时代的社会变革，把当时的中国出版业推向新的发展纪元，西方现代印刷技术的传入，逐步替代了我国传统的印刷术，使书籍生产的工艺也随之发生剧变，同时西方各种文化思想也冲击着从封建统治下走出来的中国，这一切都使得书籍的形态发生着深刻变革。于是，深受西方书籍形态影响的平装、精装书便在中国诞生了。这两种形态的书籍也是现当代人心目中的书籍常态。现代工业为基础的印刷与装订工艺给装帧设计者带来了更大的发展空间。科技水平在一定程度上左右着装帧的面貌。书的结构和形态的演变，展示了人类智慧的足迹（图 3–3、3–4）。

图 3-3

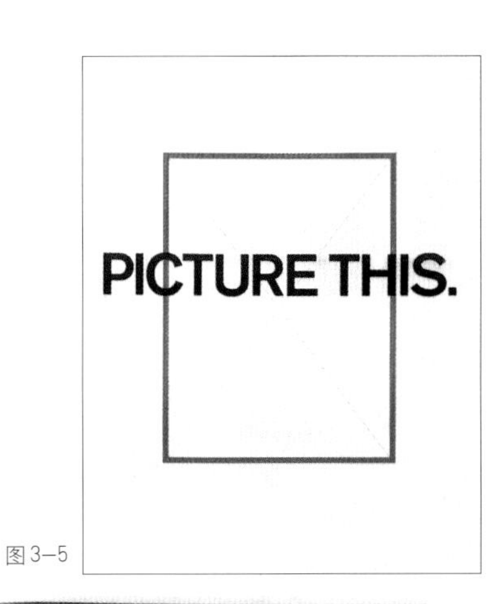

图 3-5

图 3-4

图 3-6

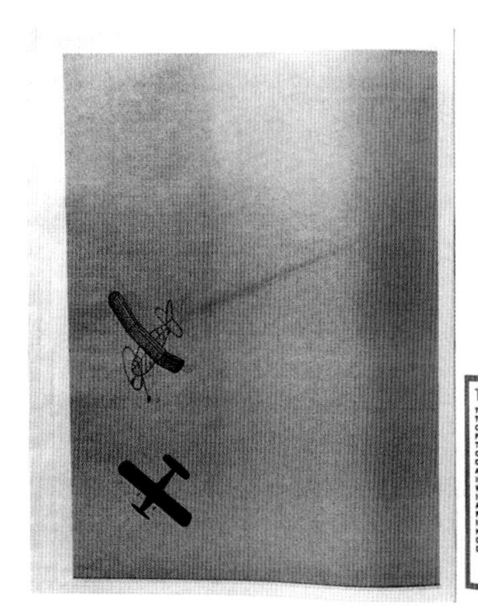

图 3-7

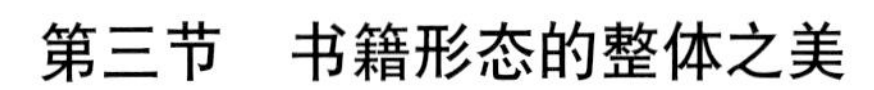

第三节　书籍形态的整体之美

“整体性”是书籍设计最重要的特点之一。书籍设计是一项综合的系统工程，在课程衔接上它涵盖大学阶段的三大构成、字体设计、图形创意、编排、印刷工艺等专业课程；在知识储备上它至少涉及艺术学、设计学、文学、工学、材料学、信息学、出版学等学科领域；在成书过程

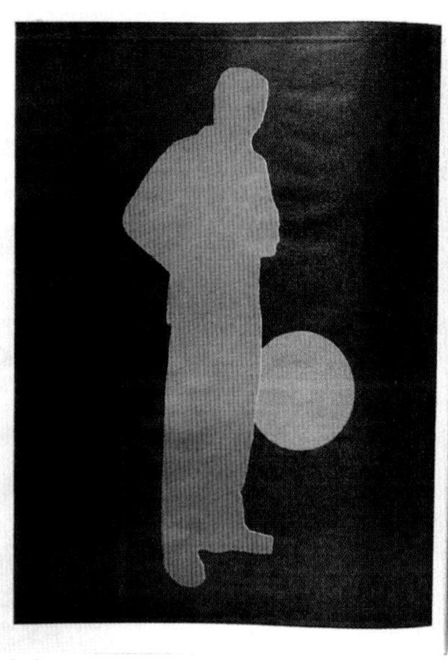

ANTHONY BURRILL
GRAPHIC ARTIST ANTHONY BURRILL MOVED TO LONDON IN 1989 TO STUDY GRAPHIC DESIGN AT THE ROYAL COLLEGE OF ART AND HAS BEEN IN LONDON EVER SINCE. WHILST HIS CLIENTS INCLUDE CANON, IBM AND NIKE, MUCH OF HIS TIME IS DEDICATED TO PERSONAL PROJECTS SUCH AS THESE CLEAN, STRIKING PIECES WHICH WERE FIRST EXHIBITED AT LONDON'S PENTAGRAM GALLERY IN JANUARY 2000. BURRILL ONLY BEGAN TO WORK WITH A COMPUTER IN THE LAST FEW YEARS THOUGH HE ADMITS TO RELYING ON IT INCREASINGLY. HE IS, HOWEVER, QUICK TO EXPLAIN THAT THIS DOES NOT MEAN A LOSS OF CRAFT. 'IT'S STILL NICE TO DRAW BY HAND FIRST AND THEN SCAN THIS INTO A COMPUTER' STATES BURRILL. 'I DO ALSO SOMETIMES DRAW STRAIGHT ONTO THE COMPUTER BUT THIS GIVES A DIFFERENT FEEL ALTOGETHER'. WHEN ASKED WHY HE DOES WHAT HE DOES, BURRILL SUCCINCTLY REPLIED 'TO HELP BUILD A NEW LANGUAGE OF VISUAL INFORMATION'.
ANTHONY@FRIENDCHIP.COM

图 3–8

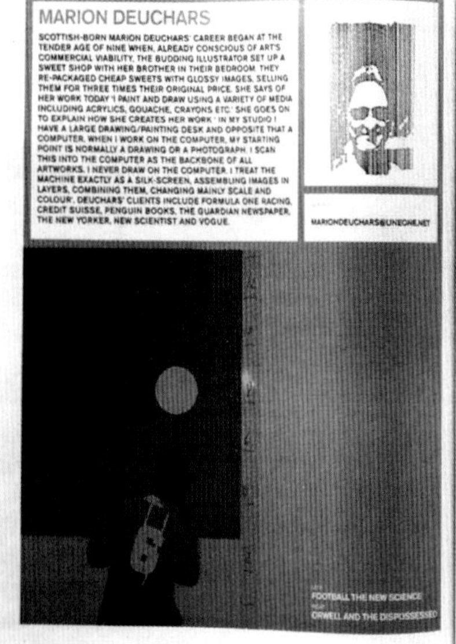

MARION DEUCHARS
SCOTTISH-BORN MARION DEUCHARS' CAREER BEGAN AT THE TENDER AGE OF NINE WHEN, ALREADY CONSCIOUS OF ART'S COMMERCIAL VIABILITY, THE BUDDING ILLUSTRATOR SET UP A SWEET SHOP WITH HER BROTHER IN THEIR BEDROOM. THEY RE-PACKAGED CHEAP SWEETS WITH GLOSSY IMAGES, SELLING THEM FOR THREE TIMES THEIR ORIGINAL PRICE. SHE SAYS OF HER WORK TODAY 'I PAINT AND DRAW USING A VARIETY OF MEDIA INCLUDING ACRYLICS, GOUACHE, CRAYONS ETC.' SHE GOES ON TO EXPLAIN HOW SHE CREATES HER WORK ' IN MY STUDIO I HAVE A LARGE DRAWING/PAINTING DESK AND OPPOSITE THAT A COMPUTER. WHEN I WORK ON THE COMPUTER, MY STARTING POINT IS NORMALLY A DRAWING OR A PHOTOGRAPH. I SCAN THIS INTO THE COMPUTER AS THE BACKBONE OF ALL ARTWORKS. I NEVER DRAW ON THE COMPUTER. I TREAT THE MACHINE EXACTLY AS A SILK-SCREEN, ASSEMBLING IMAGES IN LAYERS, COMBINING THEM, CHANGING MAINLY SCALE AND COLOUR'. DEUCHARS' CLIENTS INCLUDE FORMULA ONE RACING, CREDIT SUISSE, PENGUIN BOOKS, THE GUARDIAN NEWSPAPER, THE NEW YORKER, NEW SCIENTIST AND VOGUE.
MARIONDEUCHARS@UNEONE.NET
FOOTBALL THE NEW SCIENCE
ORWELL AND THE DISPOSSESSED

图 3–9

中又凝聚着著作者、出版者、编辑、设计者、印刷装订者等多方面人才的智慧和汗水；此外，书籍独特的结构特点、商品性与文化性共存的特色，以及由它们所决定的复杂的设计内容更使得书籍设计“包罗万象”。正是这种“综合性”、“系统性”决定了书籍设计的“整体性”，从而也使得“整体性”成为检验书籍设计优良与否的试金石（图 3–5～3–9）。

一、形神兼备的书籍形态整体之美

“形神兼备”是书籍形态的整体之美的最终要求，也是贯穿书籍设计始终的基本要求，所谓“形”即书籍的结构形态，所谓“神”即书籍原稿的精神内涵。“形”和“神”之间，“形”为“神”服务，围绕“神”创造理想的书籍形态；“神”是“形”的灵魂，离开“形”，“神”无处依托。“形”与“神”和谐发展，使书籍成为既有肉体又有灵魂的生命体，才能形成书籍形态的整体之美，“形”与“神”若脱节甚至相背，就无法形成完整的书籍形态，更不可能有“整体之美”。

众所周知，书籍设计最重要的功能就是以最恰当的书籍形态来表现书籍原稿内容的精神内涵。书籍原稿内容的精神内涵就是书籍的灵魂，它像指挥棒一样，指挥着参与书籍设计的人员的全部工作，也决定着书籍形态各构成要素的取舍与形式构成。好的设计人员会恰当地把握这根指挥棒，就像优秀的指挥家一样，综合各种优美的旋律使书籍以完整和谐的形态表现原稿的精神内涵，达到形与神的完美结合；经验不足的设计人员则常常顾此失彼，形神背离，有的虽有鳞光片羽似的亮点，但却因与整体不协调，反而破坏了书籍整体的美感。因此吃透书籍原稿，提炼和把握原稿的精神内涵，同时确定准确表现这一精神内涵的形式要素，使“形”与“神”完美结合，达到“形神兼备”的效果，书籍形态的整体之美才会大放光彩。

二、书籍各构成要素交相呼应的书籍形态整体之美

书籍构成要素包括文字、图形、色彩、肌理、留白、书籍页面、书籍外结构，只有了解清楚书籍各构成要素的内容和关系，使其交相呼应，共同表达书籍原稿的精神内涵，才能使书籍的整体之美得到充分的表现。

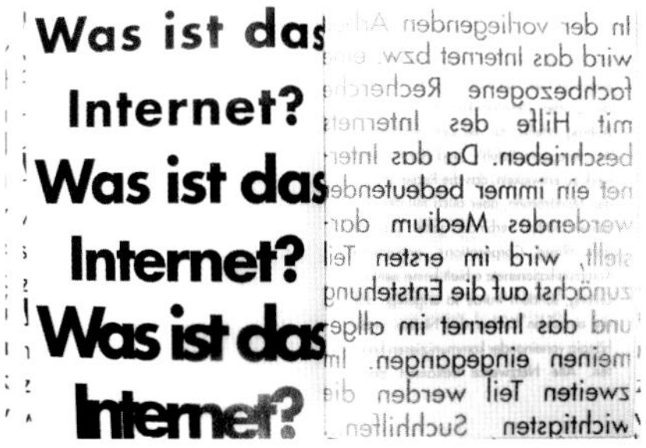

图 3-10

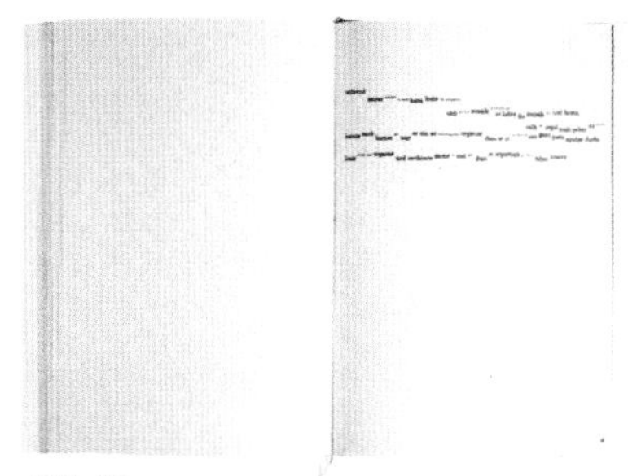

图 3-11

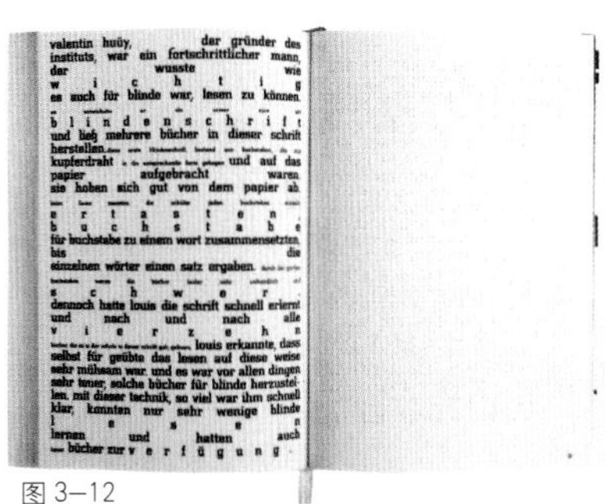

图 3-12

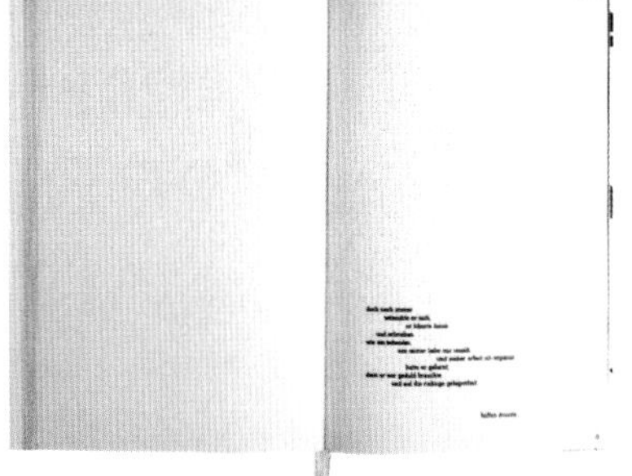

图 3-13

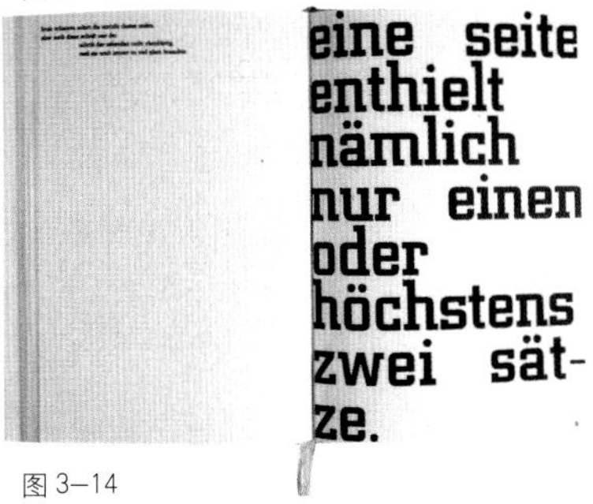

图 3-14

1．文字

在书籍设计中，文字是构成书籍的最基本的要素之一。字体的大小、风格、组合形式等方面都会影响书籍的整体之美。一般来说，一本书的内容用哪几种字体，多大的字号，不同字体间采用什么样的组合方式等，都是由书籍原稿的精神内涵决定的。在确定一本书将要选用的字体、字号和组合形式后，成熟的设计师会将之贯穿于整本书的始终，不会随意变化，从而使书籍显得很整体；而初学者却容易忽视这些方面，不是找不准最贴切书籍原稿精神内涵的字体、字号，就是唯感觉适从，随意往版面上堆放各种性状相背离的文体、字号，造成花、乱、杂等无序状况，从而也就影响到书籍的整体面貌，更有甚者，让人造成视觉疲劳，注意力涣散，无法阅读。另外在正式出版物中，字体的选择也应注意其识别性，字体过于花哨、复杂会影响信息的有效传达（故意追求杂乱花哨风格的书籍除外）。在采用汉字书法和英文手写体设计书籍时，应慎重对待，否则还是请书法高手或借用书法字典为好，把握不好，字体设计会给人一种潦草的感觉。在一般情况下，字距一定要小于行距，行距要适中，行距太小，整篇字有透不过气的压抑感，行距太大，则松松散散，缺乏整体感（追求特殊效果书籍除外）。另外，在文字排列方面，为了阅读流畅，一般为左齐、右齐、居中三种，除非设计上要特殊的排列。太小的文字不可用粗黑体、琥珀体等笔画很粗的字体，否则会结成块而影响辨识。笔画很细的字体不宜加投影及汉字处理，否则字形会因受干扰而不易辨认（图 3-10～3-14）。

2．图形

在书籍设计中图形是最有吸引力的设计元素。当图形与普通的文字处在同一页面时，人们往往会先注意图形，因此，书籍设计能否打动人心，图形是至关重要的。在这里，图形泛指书籍版面上的图片、图表、元素形状。图形是有风格有性状的，对图形的处理、编排也是有风格有性状的，这种风格、性状只有与书籍原稿的风格、性状吻合，才能有助于书籍整体之美的生成，否则会起到反作用（图 3-15）。

图 3-15

3．色彩

色彩是最有诱惑力的元素。在设计书籍时，如果色彩用的整体到位，就会在第一时间生成书籍的整体美感，同时俘获读者的心。色彩在营造氛围表达情感上有着得天独厚的优势，火辣的红色，忧郁的灰色，冷静的蓝色，不同的色彩会给人不同的感观，设计者应注意色彩所表现的不同氛围、情感及其对人的心理反应潜力。对书籍的主题又没有把握到位，

图 3–16

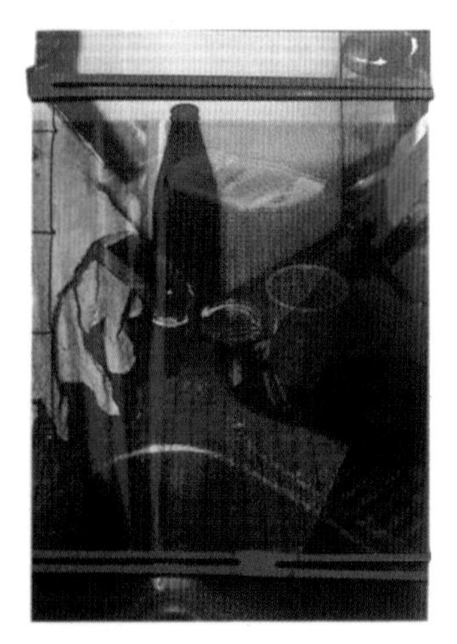

图 3–17

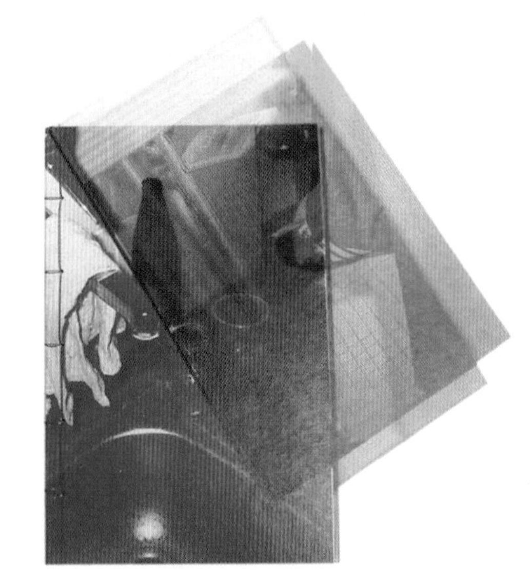

图 3–18

不知道用什么样或哪几种色彩能最好地表现原稿的精神内涵，同时又不懂处理运用色彩的常规，那么就很难利用色彩营造书籍的整体之美了。初学者最苦恼的是找不到最能表现原稿的精神内涵的色彩，常常不知其然地将一些很纯、很浓烈的颜色用到不符合这些性状的书籍中，这样一来，很容易造成图书内在精神与视觉感观的不和谐（图 3–16～3–18）。

4 .肌理

肌理指的是形象表面的纹理。它能体现事物的质感、属性，同时在视觉、触觉、心理等感官上引起共鸣。在书籍设计中，肌理给人最直观的印象就是书籍用材的肌理，比如纸张、布料、木料的肌理。此外，通过印刷、裁切工艺产生的肌理同样也很有吸引力。而版面中图形本身的肌理效果对书籍整体之美的把握也是有影响的。肌理效果符合书籍原稿的精神内涵就会有助于书籍整体之美，否则就会破坏这种美感。产生肌理效果有很多方式，下面简要介绍几种：（1）采用描绘手法产生的肌理——用铅笔、钢笔、毛笔、蜡笔、粉笔、喷笔、油画刀等绘画工具，在纸张、布料、木料等不同材料上描绘获得的肌理；（2）采用拍摄手法记录的肌理——用相机拍摄事物本身具有的肌理，例如干涸的土地、皱巴巴的老橘皮、蓬松的雪花等；（3）采用拓印手法产生的肌理——将纸张等材料附在拓印对象上，用铅笔、笔刷等工具进行拓印；（4）采用压印手法产生的肌理——通过压力使事物表面肌理得以呈现，如指纹、脚印、车辙等；（5）采用剪贴手法产生的肌理——将适合剪贴的各种材料、图形，通过剪贴组合而成；（6）采用电脑创造的肌理——电脑可以产生许多肌

图 3–19

理效果，但在书籍设计中这种肌理效果要适当地运用（图3—19）。

5.留白

留白是书籍设计中一个非常重要的内容，文字、图形、色彩、肌理等内容因为有丰富的形象往往很容易引起人们的注意，留白由于其空无的本性使得它很容易被人忽视。实际上，正如老子所说："天下万物生于有，有生于无"一样，因为有了留白，文字、图形、色彩、肌理等实体元素才能得以生成和显现，留白是关系书籍形态生成的最重要的要素。同时，留白对于书籍整体之美的影响也是至关重要的，书籍原稿的精神内涵决定了留白的形式、多少，留白的处理方式又会反过来影响原稿的精神内涵的表现和书籍整体面貌，一般来说书籍其留白处理方式也是贯穿整本书的始终的，而不会随意任性地变化。同时留白也成为辨别书籍种类、风格的测试剂，诗歌、画册之类书籍其留白相对较多，而辞书、工具类书籍由于其内容的丰富性其留白相对较少（图3—20、3—21）。

6.书籍页面

页面是书籍内结构的基本构成单位，页面的叠加堆积便形成了书籍的体量。页面又是文字、图形、色彩、肌理、留白等内容的表现平台，有了这个平台它们才会有所作为。在常规的书籍设计中，书籍页面的搭配形成了一套约定俗成的方案即——按封面（封底）、环衬、扉页、版权页、赠谢（题词、感谢页）、目录页、序言（按语）、正文页、索引（附录）页的顺序安排页面内容的构成，其中版权页可放在扉页之后，也可放在书籍最后的页面上，正文页部分因书籍原稿内容的

图3—20

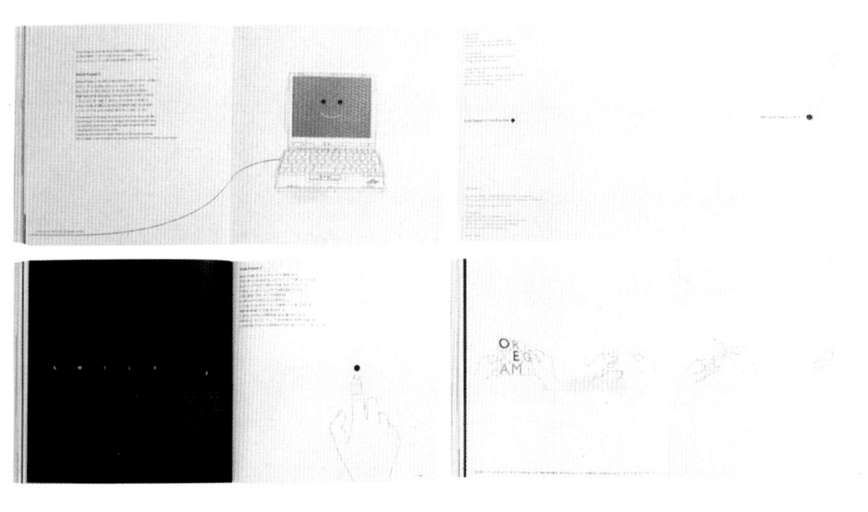

图3—21

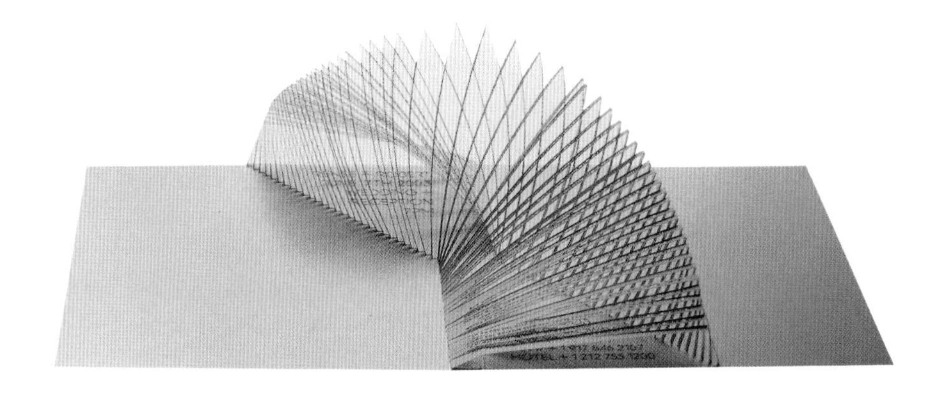

图3—22

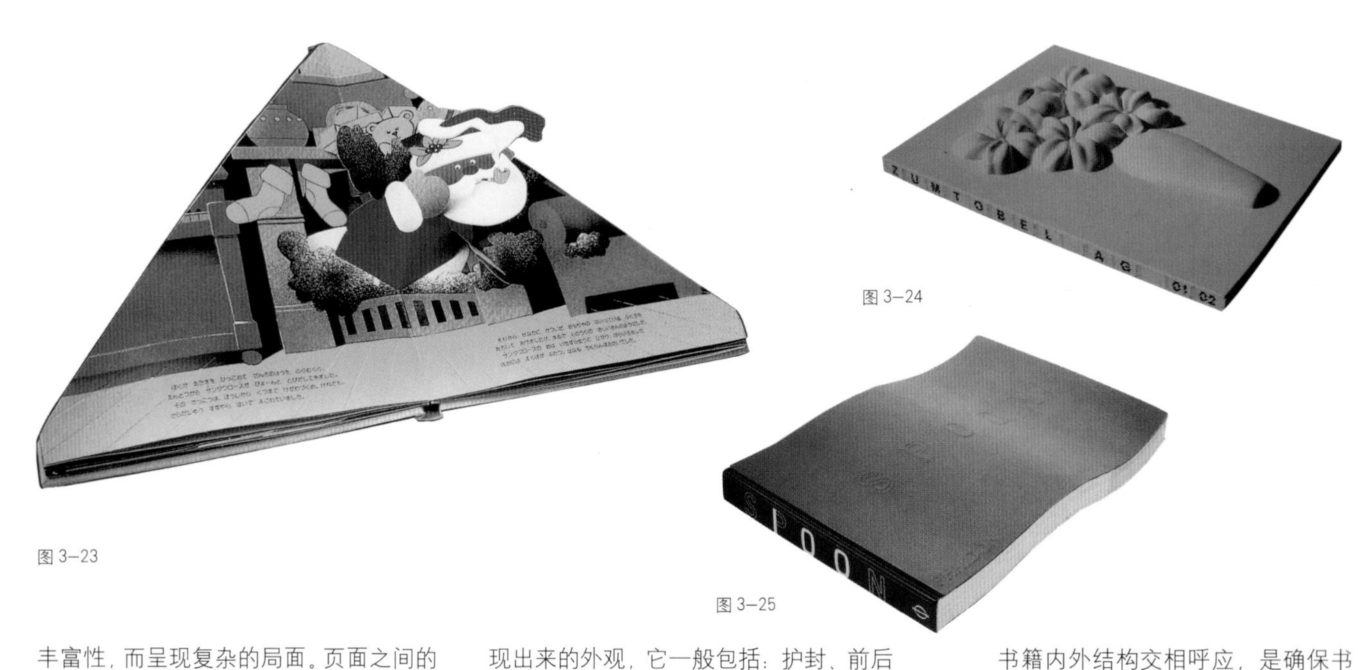

图 3–23

图 3–24

图 3–25

丰富性，而呈现复杂的局面。页面之间的组织，应在满足起码的功能职责的基础上协调发展，达到组织有序，页面之间的过渡自然，联系紧密，浑然一体的效果，才能有效地表现书籍的整体之美。如果各页面都过于强调个性，为了追求视觉效果片面放大各自的功能特性，不注意共性和整体效果，必然导致页面之间互相冲突对立，就像大杂烩一样，破坏了整体的和谐。同时页面的形状、大小、性状也应该是相对统一的，这样才有力于形成整体的形象（当然一些刻意追求与众不同的设计效果，故意杂糅各种形态页面的书籍不属此探讨范围）。此外，页面与页面之间在翻阅的时候会形成三维空间，通常情况下人们容易忽视它。实际上，这种空间是可以利用的，通过它不仅可以更紧密地联系页面之间的关系，而且可以创造更有趣的书籍内结构形态，从而使书籍形态的整体之美得到更充分的演绎（图 3–22、3–23）。

7 .书籍外结构

书籍外结构即书籍的未被翻阅时呈现出来的外观，它一般包括：护封、前后勒口、腰带、函套（书盒）等设计，还会涉及印刷、材料、装订工艺等方面。在通常情况下，为了适应机械大批量生产的需要，书籍的外结构都被设计成六面立方体的形式。现在由于科学技术水平的进步，书籍外结构的多样性逐步得到发展。

书籍内外结构交相呼应，是确保书籍形态整体之美生成的基础，它们彼此不可或缺，互为伯仲。只有对书籍的内外结构进行整体的全面系统的考虑、设计，才能创造出表里如一，内外浑成的优秀书籍（图 3–24、3–25）。

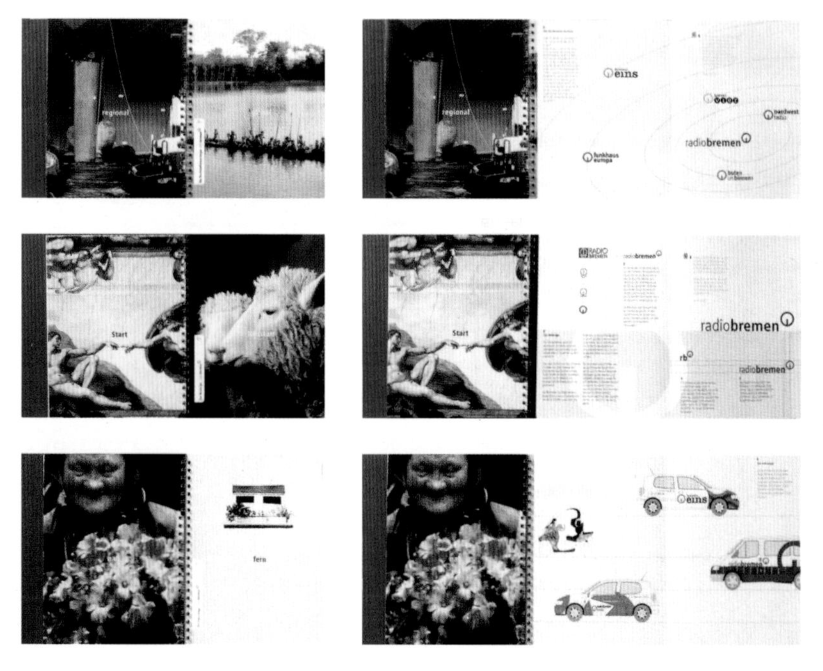

图 3–26

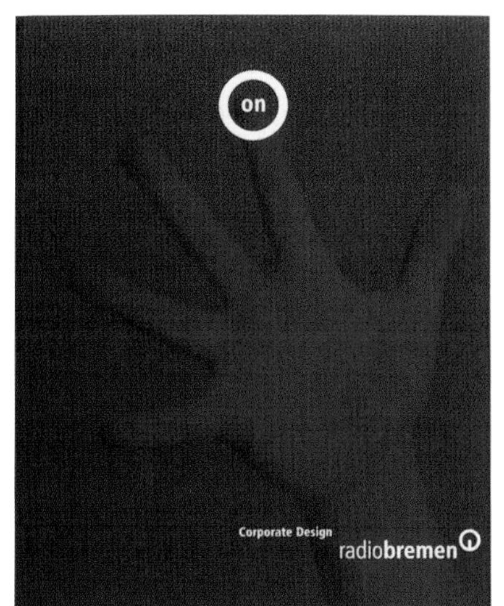

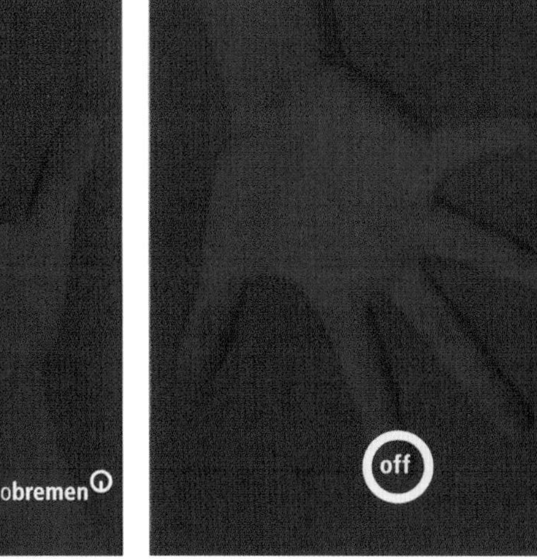

图 3–27

三、各种感官综合的书籍形态整体之美

书籍的内容信息最终通过各种感官融合于心，读者便形成了对书籍的一定印象和认知。这其中主要包括：视觉、触觉、嗅觉、听觉等感官。

1 .视觉

视觉是人们对书籍的感官。书籍中的文字、图形、色彩、留白、页面关系、视觉流程、书籍外观、印刷工艺、材料、装订工艺等都会从视觉感官上对读者产生影响。这些内容的视觉感官应该统一在书籍原稿的精神内涵的总指挥下，相互协调，共同作用，将完整的书籍形态整体之美呈现在读者面前（图 3–26、3–27）。

2 .触觉

触觉是书籍给人的又一重要感官，也是常规书籍区别于电子书的一个重要标志。书籍是可拿可放可触可翻的实体物，而不是闪现在视频上的虚拟物。它真实可靠，耐人寻味。手与书之间在相触的一刹那便开始相互交流。设计优良的书在读者手指的摩挲下，会焕发出温存贴心、亲切感人的本性，让人爱不释手，甚至像古玩一样成为人们欣赏把玩的宝贝；而设计水平低劣的书，则会破坏读者伸手去拿书的冲动。书籍的翻动、用材、形态结构、体量、印刷装订的工艺等都会产生相应的触觉感受。中国古代传统的蝴蝶装、包背装、线装书，由于用材大都是质地非常轻盈的植物纤维纸张，书籍体量也较适度，使得整本书的重量非常轻，捧在手上感觉特别轻巧体贴，宛如服帖的绸缎睡在手中。在翻阅的时候得小心翼翼，以免损伤页面或是破坏了这种虔诚读书的感觉，这种书籍的触感与中国传统文化那种温雅的气韵不谋而合。现在很多书籍受西方传统书籍形态的影响，所选材料无论质地还是重量都较中国古书厚实沉重，其体量形态也喜欢追捧大体量，使得大部分书籍都过于沉重，用“砖块”来形容一点不为过，这必然给人们的阅读带来麻烦。很多书已经不能像从前那样随心所欲地捧在手中，只能是老老实实地放在桌面上看，这样看来，一本容积非常大的书似乎最大限度地利用了资源，节省了成本，但这一切是以牺牲人和书的亲密关系为代价的，不知是否值得。故此我们可以看出触觉感受对于书籍来说是多么的重要。当然，书籍的触感应与书籍整体风格相一致，这样才能创造更整体完美的书籍（图 3–28、3–29）。

图 3–28

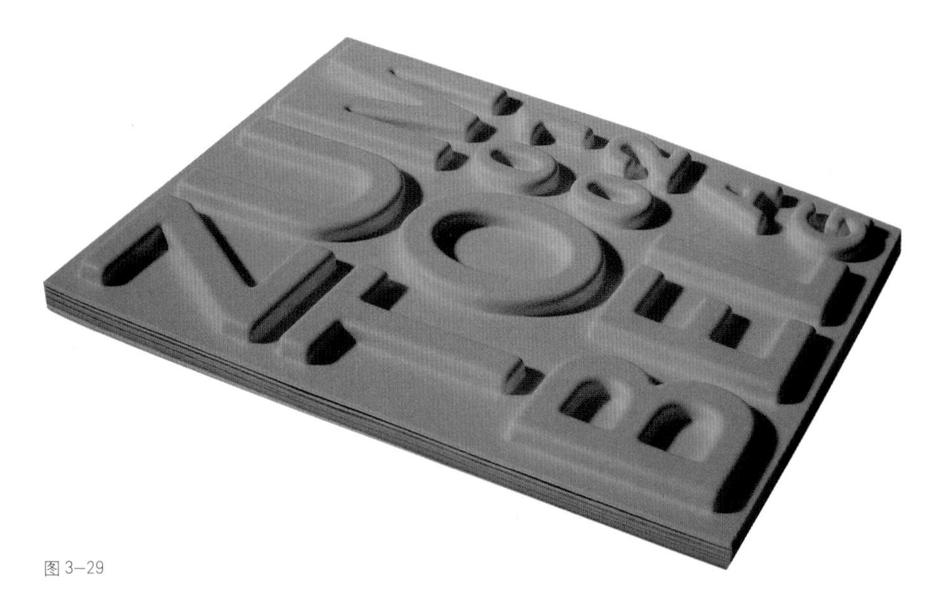

图 3—29

3 .嗅觉

嗅觉主要体现在书籍用材所特有的气味、印刷油墨的气味、人为附加的气味上。嗅觉在书籍设计中往往作为不多，但并不是无可作为，只要符合书籍原稿的精神内涵，独特的书籍气味也许会给人带来与众不同的惊喜。

4 .听觉

听觉主要体现在页面的翻阅之中。对这一感官的设计相对比较薄弱，但却是书籍设计可以突破的方向。特别在这样一个资讯越来越发达，媒体竞争越来越激烈的今天，如何将声音与常规书籍的设计相结合，应该是值得思索的问题。

第四节　书籍形态的对比和谐之美

对比和谐是书籍设计最鲜明的特色之一，由其生成的美感也是书籍形态之美最重要的内容之一，这是设计的形式美规律决定的，也是书籍本身的特点决定的。对比是把两种不同的事物或情形作对照，相互比较，互相衬托，从而使各自的特征更加突出。对比在日常生活中随处可见，例如个子的高矮对比，体形的胖瘦对比。在设计中对比也经常被运用，例如线条的曲直对比，曲线在直线的对比衬托下显得更圆滑、流畅、柔情、活力、律动而有弹性；直线在曲线的对比衬托下则显得更阳刚、坚定、挺拔、严峻、冷静而直率。和谐与对比相反，对比是把形状、大小、位置、方向、色彩、肌理等造型诸要素中的差异性表现出来，突出各自的特征，强调差异性；和谐则把对比的各部分有机地结合在一起，使其互相呼应、调和，共同作用，达到最终完整统一，有生动有趣的和谐效果。对比中不能没有和谐，过分强调对比，容易造成生硬僵化脱节的效果；对比中不能没有和谐，过分强调和谐会抹杀个性，造成平淡无奇没有生气的效果，两者相互依存，协调发展，才能创造理想的书籍形态。书籍形态的对比和谐之美至少包含：书籍版创设的对比和谐之美，动静结合的对比和谐之美，虚实相济的对比和谐之美，感性与理性兼容的对比和谐之美等内容。

一、书籍版面创设的对比和谐之美

书籍设计相对于其他平面设计门类的一个重要的特色在于：在翻开的书籍中，其版面是一个呈对称形式的版面。左右两个版面各有其独立性，又共融在一个大环境中，若干个这样相连的版面堆积叠加便形成了书籍的大致体量。恰当地利用书籍版面的这一特点，可以营造出非常丰富有趣的对比和谐之美。

书籍版面中的对比和谐之美涉及书籍版面中文字（图形）的形式性状、风格、色彩、数量、肌理、位置、留白、方向等方面的对比和谐。如何把握这些内容的对比和谐是书籍形态美创设的关键之一（图 3—30）。

二、动静结合的对比和谐之美

书籍形态的独特之处还在于它所具有的动态美感和静态美感的对比和谐。书籍的动态美感体现在：书籍视觉流程的流动性；书籍结构所导致的空间体量的生成变化上；书籍成书工艺所营造的动态美感；书籍版面各元素互相呼应所形成的互动效果；书籍版面各元素所具有的动感性状。书籍的静态美感体现在书籍版面上严谨系统的排版表现出的静态美感和安静的阅读氛围；书籍版面各元素互相呼应所形成的静态效果；书籍版面各元素所具有的静态性状。"动静结合"是中国传统的形式美法则，更是生成书籍形态之美的法宝，二者相得益彰定能创造出理想的书籍（图 3—31、3—32）。

三、虚实相生的对比和谐之美

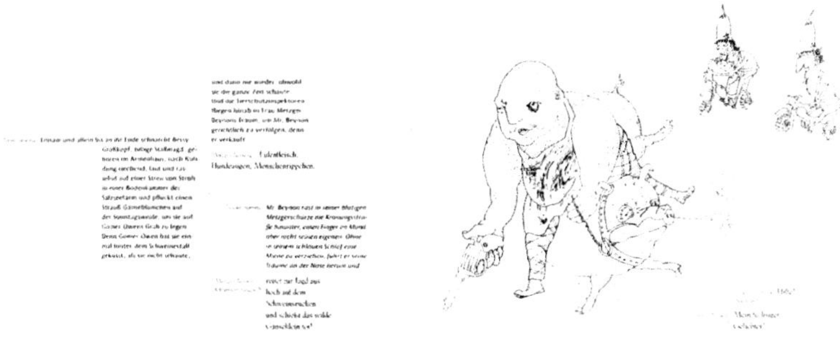

“虚实相生”是我国古代美学的传统法则，也是经常使用于书籍设计中的一条重要的设计原则。这条原则运用得好，就能营造出恰到好处的对比和谐之美，我国清初画家笪重光的名言：“虚实相生，无画处皆成妙境。”即是对这种效果最好表达。书籍中的“虚实相生”主要体现在各种要素在书籍形态空间内相互对比协调，例如用材上，透明与不透明的纸张的

图 3—30

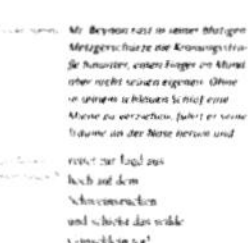

图 3—31

图 3—32

图 3—33

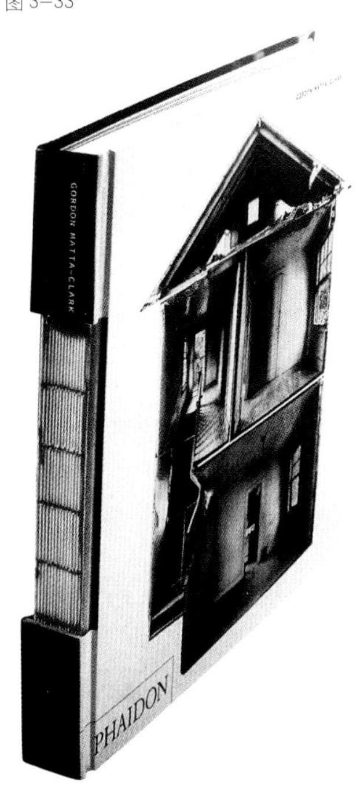

图 3—34

穿插；印刷工艺上，凹凸压印部分与未压印部分的对比调和；版面构成上，留白部分与印刷实体部分的虚实互补；空间形态上，实体空间与镂空的虚空间的呼应等（图 3—33～3—36）。

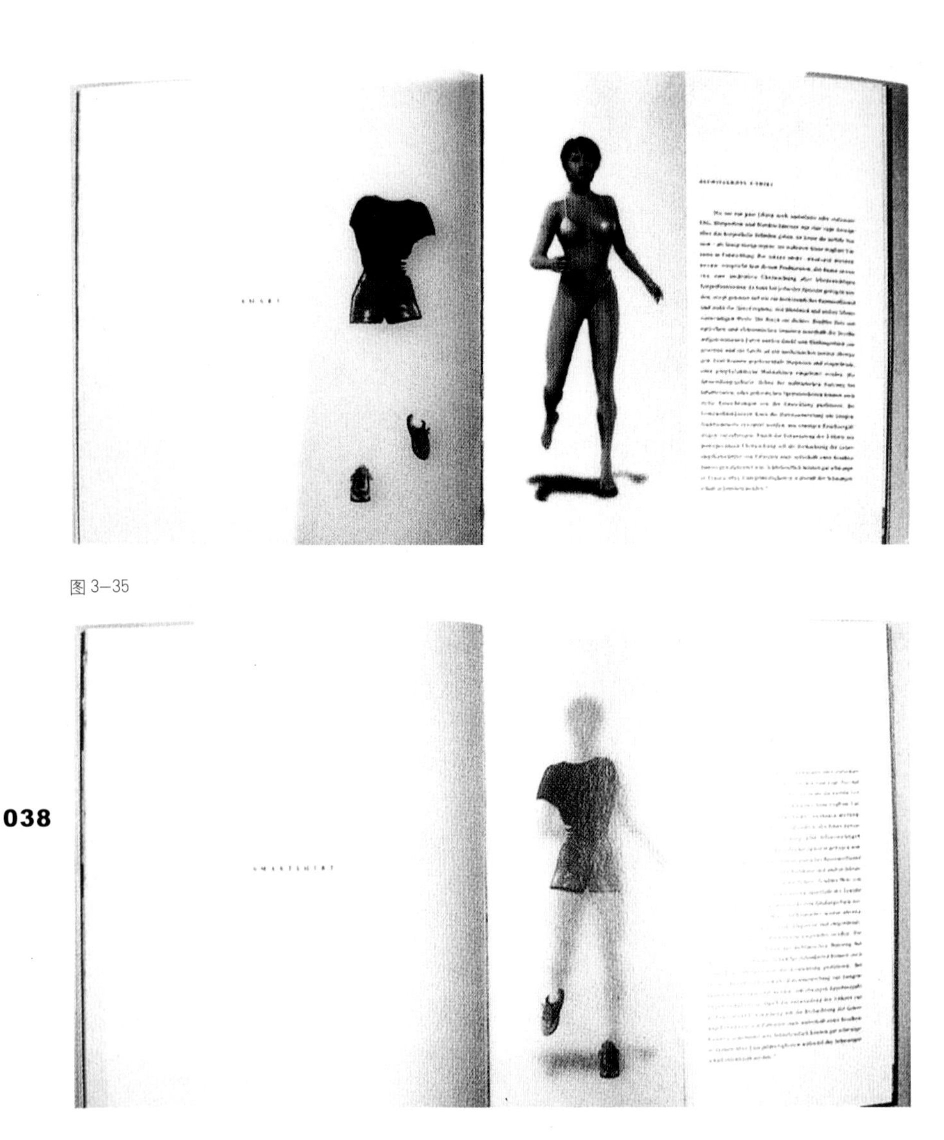

图 3—35

图 3—36

四、感性与理性结合的对比和谐之美

书籍形态的对比和谐之美还体现在感性与理性相结合上。书籍形态是人们感性情感和理性智慧凝结的精华，缺少其中任何一方面都不完整。感性情感和理性智慧看起来是矛盾的是对立的，但事实上，处理好两者的关系却可以生成出十分精彩的对比和谐之美。书籍设计离不开感性情感，书籍原稿内容经过设计者的解读，会引发设计者诸多的感性联想和情感的生成，这是书籍创意的基础。如果设计者对原稿内容没感觉，无法激起其内在的情感和想象，那么创造符合原稿精神内涵的书籍形态恐怕就会成为空谈。同时，书籍设计也离不开理性智慧。书籍设计是对信息进行再加工和传递，这就决定了信息传递的系统性和秩序性，而如何将错综复杂的信息按照合理的秩序传递给读者是设计者必须解决的问题。光有震撼人心的形象是不够的，书籍不仅仅只是创设画面，如何巧妙地传达表现也很重要。感性情感与理性智慧就是在这种既对立又共存的情况下生成出书籍形态的对比和谐之美。优秀的设计者正是恰当地处理了感性情感与理性智慧的关系，而使书籍设计获得成功（图 3—37）。

I COULD SEE IN THE DISTANCE, STOP LIGHTS, PEEPING OUT IN COUPLES.

I WISH IT WERE JUST ANillusion .

图 3—37

中国高等院校

THE CHINESE UNIVERSITY

21世纪高等教育美术专业教材

The Art Material for Higher Education of Twenty-first Century

书籍设计的过程
书籍设计教学
学生作品欣赏

CHAPTER 4

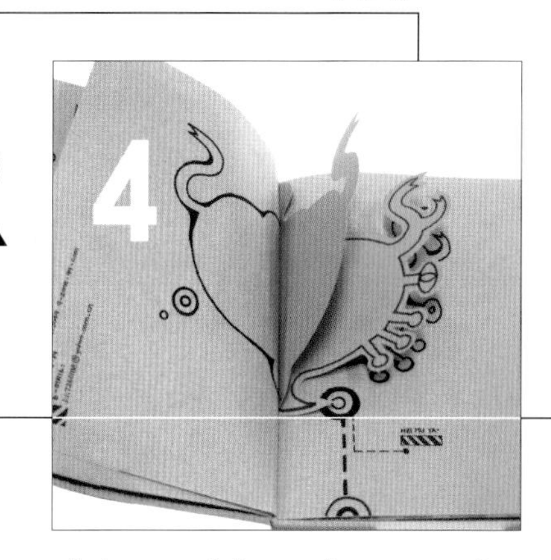

教 学 探 索

创 意 求 新

第四章　教学探索　创意求新

第一节　书籍设计的过程

书籍设计是一项系统综合的工程，从选题、阅读原稿、到构思、到草图、到设计方案，再到最终的成品的诞生，每一步都充满智慧和汗水。

一、选题

选题是书籍装帧的第一步，在出版社，选题的工作大多已由编辑们完成，但在教学活动中，选题由学生自主完成的。它意味着由学生根据自己的情况，在教师所确定的大致范围中选择书籍装帧的命题。这样一来，学生的积极性和自主性会得到很大提高，但同时也会导致与正式出版物的受限性相背的情况，一般情况下，正式出版物的设计，设计者不可能根据自己的喜好选择，只能根据对象来培养感情，再进行设计。因此在策划选题的时候，教师应适时引导，既要使学生掌握一般的选题的技巧，又要培养学生开阔的视野，使他们不会因设计的受限性而产生疑惑。

二、阅读原稿阶段

原稿是书籍设计服务的对象，一本书设计成什么样一般都是由原稿的内容决定的。书籍设计不是设计者个人情感、才气的随意宣泄，它必须忠实于原稿，依据原稿来创造。仅仅根据原稿来设计是不够的，好的书籍设计还应该在充分演绎原稿内容、精神内涵、风格的同时，使原稿增值，使看似平平常常的书籍原稿经过设计者一番设计加工，成为由内而外都渗透着令人赏心悦目的魅力。如果说原稿是一块还未加工的璞玉，那么设计者的工作就是琢玉成器。而这一切都是以理解、吃透原稿内容为出发点的。

三、构思阶段

构思阶段是在理解、吃透原稿内容的基础上，在脑海中构思整本书的大致形态，这是文字内容的视觉化构想阶段，此时，有很多内容需要考虑、分析和选择。首先应找准与书籍主题思想、精神特质、风格相对应的视觉化的基调，比如说如果原稿内容是当代网络爱情小说，那么在构思的时候就得针对这本书所反映的时代特点——当代、体例特点——网络爱情小说、作者文笔的特色（幽默还是浪漫，深沉还是梦幻）、情节构成方式等方面作综合的考虑，最终形成对其视觉化表达的大体印象。而印刷、装订、裁切等成书工艺，书籍体量、材料、开本形式等最好也在此阶段有所构想。此外，书籍将要面对的读者群，设计者也应作相应的考虑，以便书籍的设计更有针对性。

四、草图阶段

草图就是用笔将心中的构思大致勾勒出来。这样既有利于捕捉头脑中稍纵即逝的灵感，也有利于设计者对构思的系统化、条理化。一般说来，草图做得精致些会更有利于后续工作的展开，同时也有利于更充分地发挥展现创意。

五、设计方案阶段

设计方案是在草图的基础上通过电脑将草图要表现的视觉效果直观地展现出来，这一阶段工作任务繁重，要求精细，是书籍最终出样前的成品方案。它将解决书籍印刷前的所有视觉形式的表现，比如：色彩、图形、文字、编排形式、开本大小、留白等内容的具体形象，是书籍设计成败的关键一步。

六、成品阶段

成品阶段主要是在输出公司和印刷厂完成的，但并不意味着设计者无事可做，相反这一步也是十分重要的。设计者应根据设计的需要对出片、印刷、裁切、装订等工序密切关注，以便最终完成理想的书籍形态，稍有疏忽都会直接影响到书籍的品质。同时，这一阶段必须作好与各工序师傅的沟通和配合，因为很多效果并不是设计者想得到就一定做得到。

第二节　书籍设计教学

书籍设计教学可分为：传统书设计和概念书设计两种。

一、传统书设计

传统书设计在教学中主要指的是适合机械批量生产的精（平）装书的设计。本书主要对此进行了探讨，在此不做赘述。值得一提的是，这一类书籍设计在教学中，学生往往容易满足于电脑的方便快捷，而忽视对材料、印刷、装订等方面的探求，同时学生对版面形式的组织也容易出问题，不是版面设计得过于花哨，脱离书籍内容本身的要求；就是版面之间互相脱节，使一本书的形态支离破碎；要么因为担心达不到好的效果，干脆简化设计，从而使版面过于贫乏单调，提不起读者的兴趣，也使书籍显得单薄无味；还有的对设计书籍的综合性把握不到位，常常顾此失彼，注意了排版却耽搁了书籍的造型创意，有了好的书籍外形又无法兼顾材料、印刷（打印）等的选择，凡此种种现象，都值得重视。

以《版画系毕业作品集》这本书为例（图4—1），它体现版画系较强专业构成特色为主创意，书籍护封（封面、封底）的图形由木版、石版、丝网版、铜版画等版种的印面效果组成，着重表现出不同版种画面肌理以及版画"版"、"印"的特色。色彩以版画独有的黑白强烈对比的语言为基调，中间大块黑白图形为木版纹理，四边则分别穿插了铜版画、石版画及丝网版画的印痕。不同版种画面效果的表现，封面图形所采用的压凹凸工艺，概括出版画系基本的构成内容即由木版、铜版、石版、丝网版、书籍装帧等专业组成的特点。有意采用铅笔手写效果作为封面文字，也是为了与版画作品印制完成后用铅笔记录画题张数、签名的形式一致。而这一切又使这本书护封的版面构成了一张完整版画印制完成效果，从而更突出了这本书的"版画专业"特色。

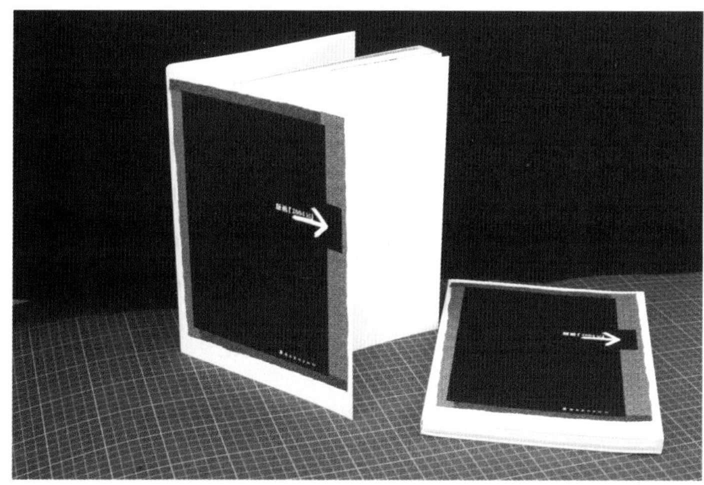

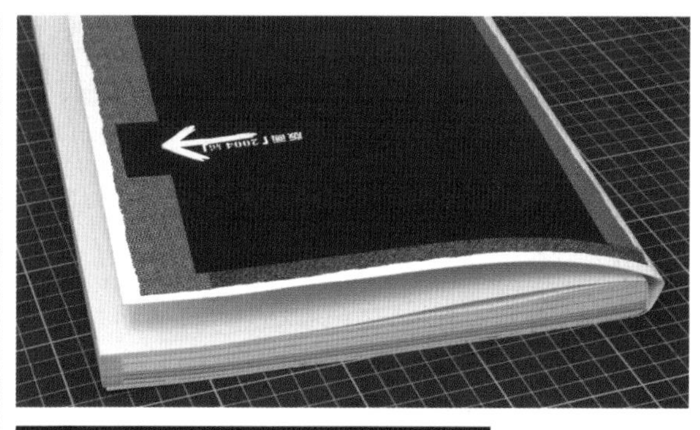

图4—1　书籍设计：肖勇

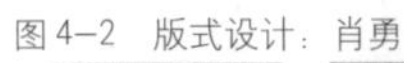

图 4–2　版式设计：肖勇

图 4–5　版式设计：肖勇

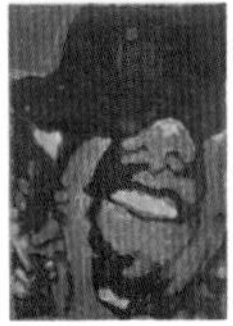
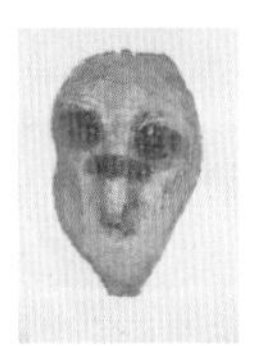
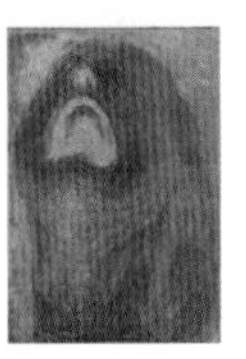

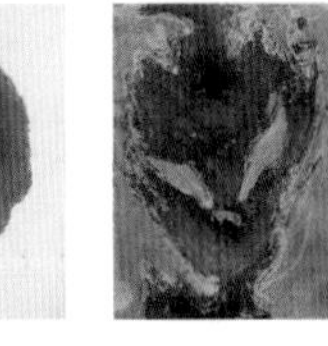

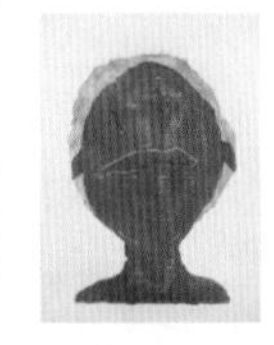

图 4–3　版式设计：肖勇

图 4–4　版式设计：肖勇

《作品集》（图 4–2～4–5）的扉页、目录页、章节页也采用封面图形作为设计的主要构成元素，以增强整本画册的整体性及前后呼应的效果。内页版面则采用网格系统版式，网格系统的特点是严谨有条理，采用这种方式主要是为了使作品的编排显得规整有序，方便读者的欣赏阅读。

书籍的形态方面采用四折页方式使封面、封底打开后形成长条形宽阔感，对折后也可增加书籍封面、封底的厚度感。这样一来，书籍不仅在造型上会更加独特，而且书卷气也会更加浓厚。

由上分析，我们可以看出，一件好的传统书作品应具有与书的内容相一致的创意构思，恰当的形态表现，优良的可读性，同时符合批量印刷生产及后期工艺制作的经济性和合理性。

二、概念书设计

1．概念书的定义

在我国，现阶段概念书设计主要限于大学院校的实验及探索性的教学活动中，很多优秀的作品并没面对大众，走向市场。究其原因主要是受到技术、成本等条件的束缚，大多数的概念书是手工制作，不能批量生产，其中优秀的作品也是艺术品，读者群有限（多为艺术家、书籍爱好者、收藏家）。虽然现阶段我国概念书的市场不太理想，但它对书籍设计自身发展创新，对学生思维的锻炼、创意及动手能力的提高，综合素质的培养是大有裨益的，因此多年来，"概念书"设计一直是广州美术学院书籍装帧教学的传统内容。随着各方面对"概念书"理解和认识度的提高，相信"概念书"设计会发展得越来越好。

何为"概念书"，在教学中，"概念书"设计意味着对人们司空见惯的书籍形态进行大胆的创新，创造出既有书籍本质特征，又与众不同，有新意的书籍。具体的说，"概念书"设计就是表达某种概念，保留住传统书籍的本质特征，创造出形意完美融合、新形态的书籍（图4–6、4–7）。

图4–6

图4–7

（1）表达某种概念

在这里，概念与思想、观念、理念相通，概念书的一个基本要求就是通过一定意义上的书的形式表达某种思想观念，这也是概念书之所以称为概念书的一个重要原因。概念涉及的范围很广，一般说来可划分为两大范围：一是围绕书籍概念本身，二是书籍概念之外，其他的思想、观念、理念。就第一个范围而言，概念书着重书籍概念本身的探讨，如对千百年来积累下来的书的形态及其某一部分的思索，它包括对各种传统的书籍形态结构特点、文字、图形、色彩、肌理、留白、书籍页面、书籍的视觉流程、书的结构、书的体量、开本等方面内容的继承和创新；对成书工艺（印刷、材料、装订）的表现和探索；对书的隐含义、象征义的思考；对书籍功能的延伸和创造等内容。就第二个范围而言，概念书着重于借鉴和利用一定意义上的书籍的某些形态和特点，来表现某种想法、观念，从而创造出新的书籍形态。这两者并不是截然分开的。某些时候，设计者可以将它们统一，创造出既在书籍概念本身有所创新，又表达了一定深度的观念的作品。从"概念"这个意义而言，"概念书"的设计跟装置艺术、观念艺术都有一定的内在联系。

（2）保留住传统书籍的本质特征

传统书籍的本质特征是什么？众所周知，书籍为交流、传承信息而生，几千年来，在人类文明的发展进程中，书籍的形态随着社会和科技的进步不断变化，唯一不变的是传递信息这个基本的功能。同时这种传递依赖于一定的实体媒介，从最初的结绳记事中用的绳子，甲骨文中用到的龟甲兽骨，钟鼎铭文依赖的青铜器；到竹简中用到的竹子、木牍，帛书中用到的绸缎；再到后来造纸术的发明成熟，纸张的普及使后来的卷轴装、蝴蝶装、包背装、线装、平装、精装书大多都用纸张作为传达信息的媒介，如此丰富的装帧形态无一例外地都选择了实体媒介作为传递信息的载体。因此可以明确，传统书籍的本质特征中应该还包括依赖一定的实体媒介传递信息这一内容。这样一来，网络时代来到后，在网络上出现的电子书籍就不在我们这里探讨的概念书之内了，因为它虽然也传递信息，但其依赖的媒介是虚拟的网络，不属于实体媒介范畴，不属于本章探讨的范围，故将其排除在外。综上所述，传统书籍的本质特征是依赖于一定的实体媒介传递信息的实体物。需要说明的是：信息是传统书籍传递的主体内容，一般来说是一系列文字、色彩、图形等形式符号的综合，是一定思想、观念的表现；但在概念书的范畴里，信息可以是实体媒介本身，不需要依附文字、图形等视觉符号，这样一来，概念书的形态就容易与雕塑、产品之类发生混淆（有的时候概念书就是传统书与雕塑、产品的结合）。因此，在设计概念书时尽可能考虑借鉴和研发传统书籍形态特点，以免脱离书籍这个范畴。

（3）创造出形意完美融合、新形态的书籍

形意完美结合，是设计作品优劣的评价标准，也是设计者努力追求的目标。对于概念书设计而言，这一点也很重要。我们不能为追求"概念"而忽视形的意义，也不能为追求"形"的奇特而不顾概念的要求。新形态是形意完美融合的基础上结出的果实，也是概念书设计的终极目的。概念书设计是对学生创意思维、能力、设计素养、才华的综合锻炼与表现，求新求变是它的宗旨，因此创造出形意完美融合、新形态的书籍，也是概念书设计的一个重要的评价标准。

综上所述，凡是综合了以上三点内容要求的书籍，就是本章所探讨的概念书。

2.概念书设计实例赏析

《快餐时代》概念书设计分析

概念书《快餐时代》（图4–8～4–13）力图以带有装置艺术性质的系列概念书形态，反映设计者对当下中国"快餐化"的社会现象的感受和思考，同时希望这些精心调制出的"文化快餐"通过"售卖"（展示）的方式能引起人们对这个时代的关注。这里的"快餐"不是真正意义上的快餐，而是一种隐喻和暗示。灵感主要来源于日常生活中司空见惯的各式快餐，最开始发觉快餐盒这种形式可以与书籍的形态发生联系，后来又觉得这不起眼的快餐盒可以是一个时代的象征，而这个时代很多有"快餐"特色的事物和现象又特别引人注目，于是便决定以"快餐时代"为主题，做一套带有装置艺术性质的概念书。显然，"快餐"是整套书的核心概念和灵魂，所有的工作都围绕它展开，包括书籍文字内容的采集整编（文稿内容主要包括：生活快餐、语言快餐、情感快餐、视觉快餐、网络快餐等内容，文字风格尽量轻松愉悦、直爽朴实，体现"快餐"风格）；内容和形式风格的定位；整套概念书的形态结构特征；色彩、字体、字号、图形、版式等版面构成的设计元素的选择与设计；材料、装订、打印等成书工艺的确定；成套系列概念书的体量大小的安排、制作；以及最终的展示效果、方式的构想等方面。为了丰富书籍的表现力，还就相应的内容绘制了插图，并设计了此套概念书的海报，以求全方面的表现主题（内页版式：图4–14～4–19，海报：图4–20～4–24，最终效果：图4–25～4–27）。

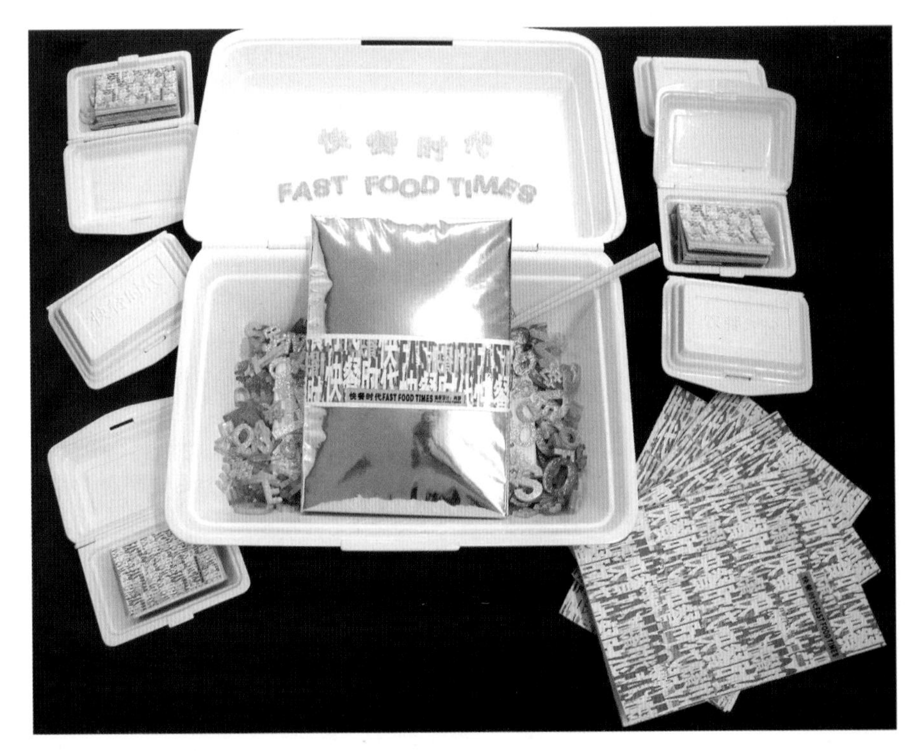

图4–8　《快餐时代》设计：肖静

图 4–9 《快餐时代》设计：肖静

图 4–11 《快餐时代》设计：肖静

图 4–10 《快餐时代》设计：肖静

图 4–12 《快餐时代》设计：肖静

图 4–13 《快餐时代》设计：肖静

图 4–14　《快餐时代》内文版式设计　肖静

图 4–17　《快餐时代》内文版式设计　肖静

图 4–15　《快餐时代》内文版式设计　肖静

图 4–18　《快餐时代》内文版式设计　肖静

图 4–16　《快餐时代》内文版式设计　肖静

图 4–19　《快餐时代》内文版式设计　肖静

图 4–20 《快餐时代》系列海报设计 肖静

图 4–21 《快餐时代》系列海报设计 肖静

图 4–22 《快餐时代》系列海报设计 肖静

图 4–23 《快餐时代》系列海报设计 肖静

图 4–24 《快餐时代》系列海报设计 肖静

图 4–25　《快餐时代》设计：肖静

图 4–27　《快餐时代》设计：肖静

图 4–26　《快餐时代》设计：肖静

第三节　学生作品欣赏

概念书设计是锻炼学生创意思维能力，激发学生与时俱进、求新求变精神，培养学生动手能力、综合素质的最好方式之一，也是一项实验性、探索性很强的课程。教学中应多鼓励、引导学生，循序渐进，因材施教。在多年的教学实践中，涌现出了许多优秀的作品。这些书中，学生们根据自己确定的主题概念，有的在书籍外形结构上大胆创新（图 4–28）；有的在书籍材料上独辟蹊径（图 4–29～4–35）；有的在页面结构上大做文章（图 4–36、4–37）；有的利用剪、烧、绣、拼贴、涂鸦、绘画等各种方式表现主题（图 4–38～4–41）；有的在书籍概念或其所辐射的范畴，如：文化艺术、人类文明、印刷科技、信息社会、文字、图形等范畴上，创造出有一定深度的概念书（图 4–42～4–44）。

图 4–28　《书的海洋》林菲菲　这件作品造型独特优美，色彩鲜艳响亮，视觉效果震撼，既是一本成功的概念书，又是一件颇有玩味的艺术品。

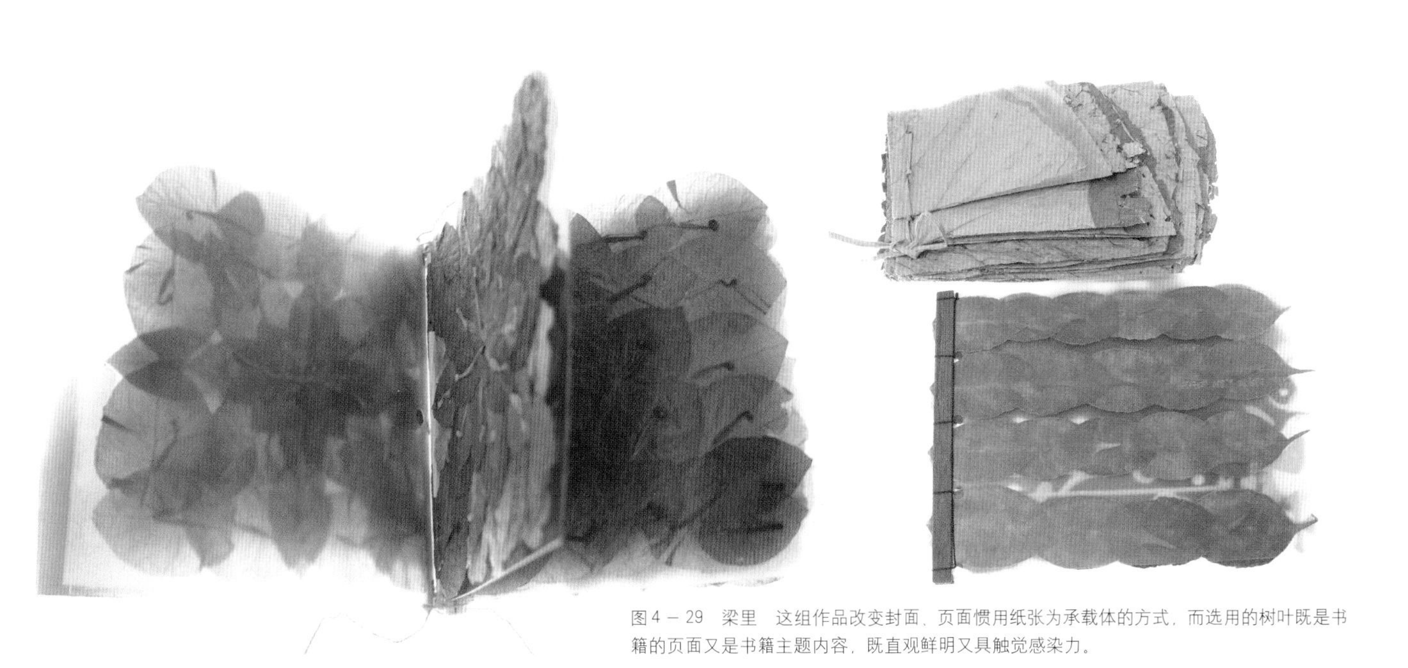

图4－29　梁里　这组作品改变封面、页面惯用纸张为承载体的方式，而选用的树叶既是书籍的页面又是书籍主题内容，既直观鲜明又具触觉感染力。

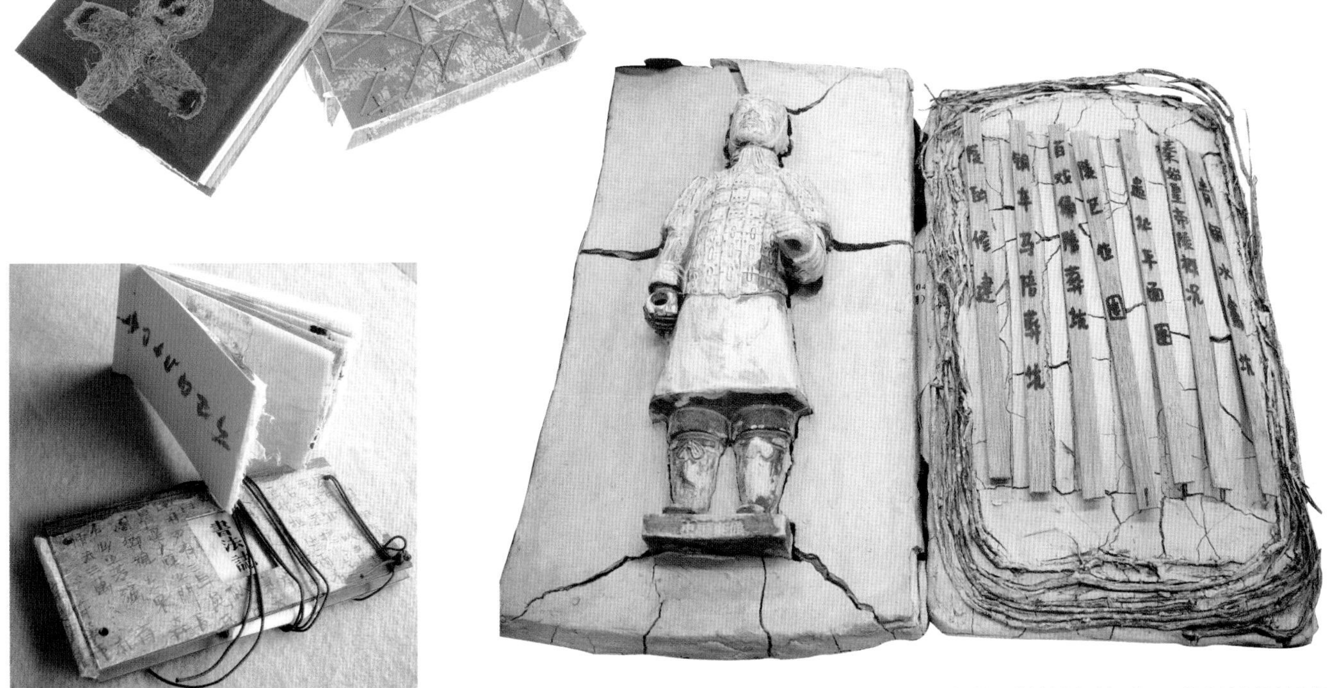

图4－30　《稻草人》这组作品在书籍的封面和函套上用与书籍主题十分契合的稻草实物组成图形和装饰，独具趣味。

图4—31　《秦始皇》刘丹萍　用泥土替代纸制书籍页面，用兵马俑纪念品实物和竹简直观展现了秦始皇陵主要内容。泥板的干裂、竹简的拙朴，使它也成为具有历史味道的艺术品。

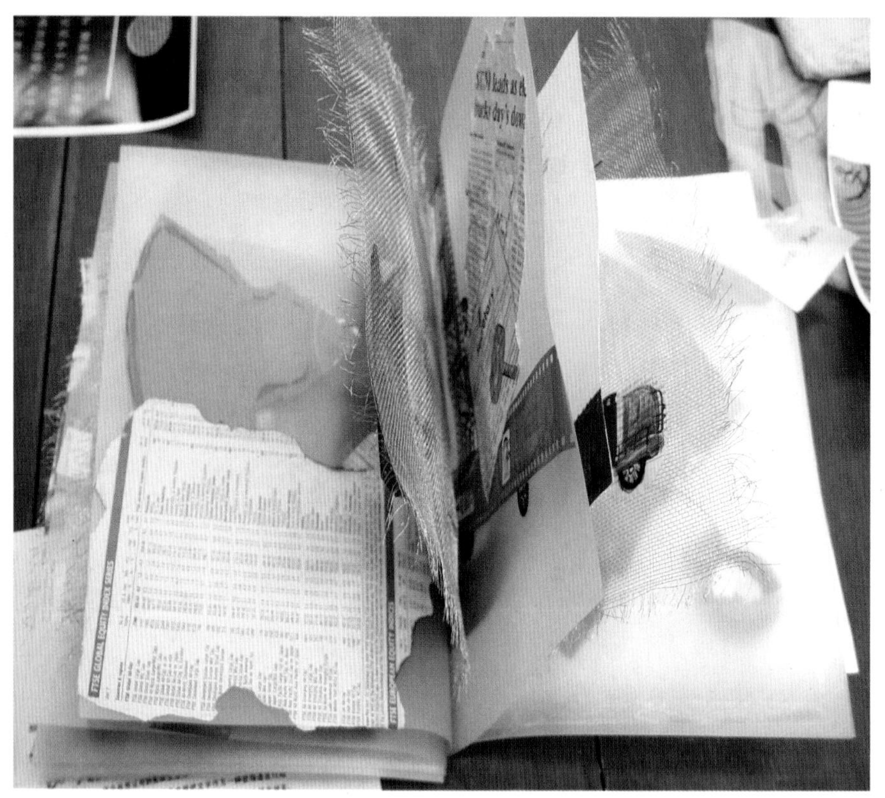

图 4—33

图 4—34

图 4—32　《稻草人》这件作品的页面是各种材料的拼贴，同时这些材料又是书籍所要表达的主题内容。

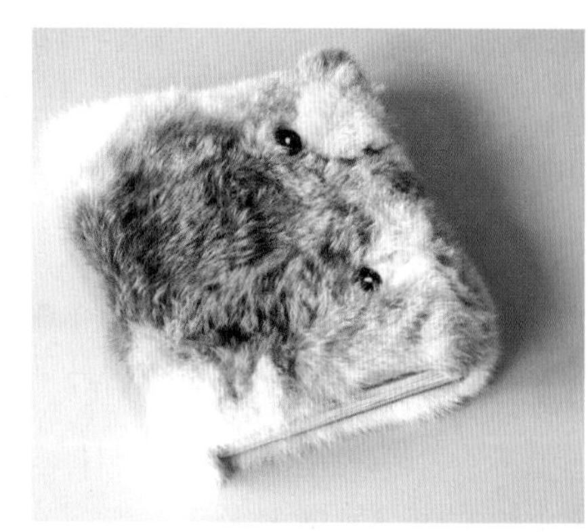

图 4—35　《爱情日记》陈冠秀　这组作品的封面材料选用毛料，十分形象地再现了动物的可爱，很有亲和力并独具舒服的触感。

图 4–36　《黑⊙鸦》这组作品的页面结构设计生动有趣，充分利用了页面间互相呼应的空间关系，其中生成的立体形态增添了书籍内容的表现力，此外，这本书设计整体统一，设计风格鲜明，编排到位也是此书一大亮点。

图4-37 易玉婷 这组作品的主题是"铁达时"表的产品介绍。为了与品牌特色相符合，书籍选用长方形开本，多留白，同时手绘了很多卷曲的植物图案，并将之运用到很多页面上，再利用透明的硫酸纸在不透明的铜版纸之间穿插，衬托出手表的高贵。而按一定递进比例大小重叠的（绘有图案的）透明硫酸纸页面构成，则是本书的最大亮点，它不仅使阅读的流程更生动有趣，而且丰富了书籍的页面形态。

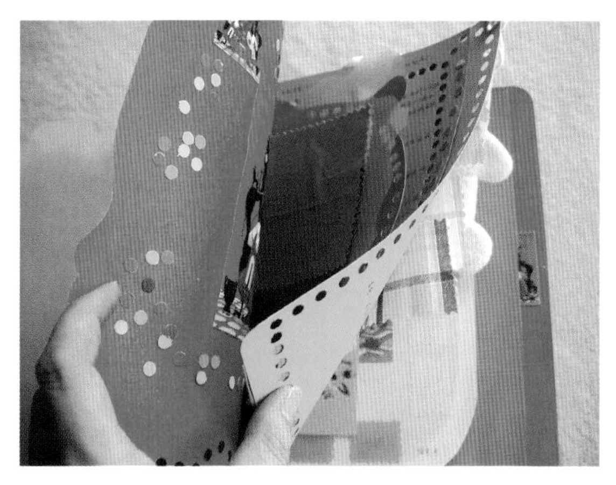

图 4–38 这组作品利用各种材料和拼贴、裁切等方式表现主题，色彩鲜艳，形式大胆活泼，很富童趣。

图 4–39 《服装面料》李里 利用拼贴、刺绣、手绘等多种方式表现主题，造成丰富的视觉效果。

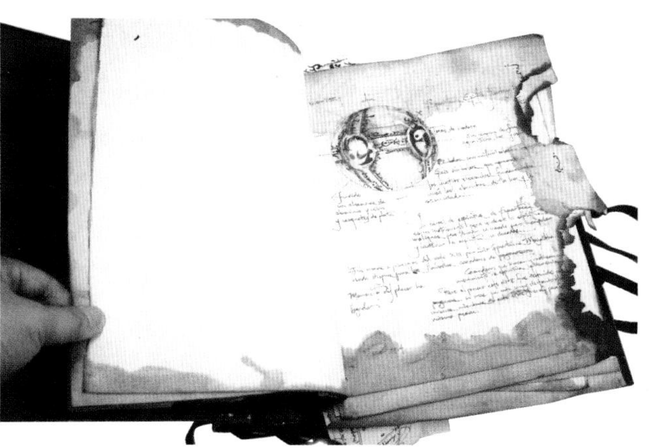

图4–40 黄志华 用火烧、水浸等方式表现主题，无论视觉、触觉还是内页形态上都达到了好的效果。

图 4–41 《药》这本书是一本介绍常用中药的概念书。其最大特点在于将被介绍的药的实物粘贴在相应的手绘药材图形上，很富生趣。

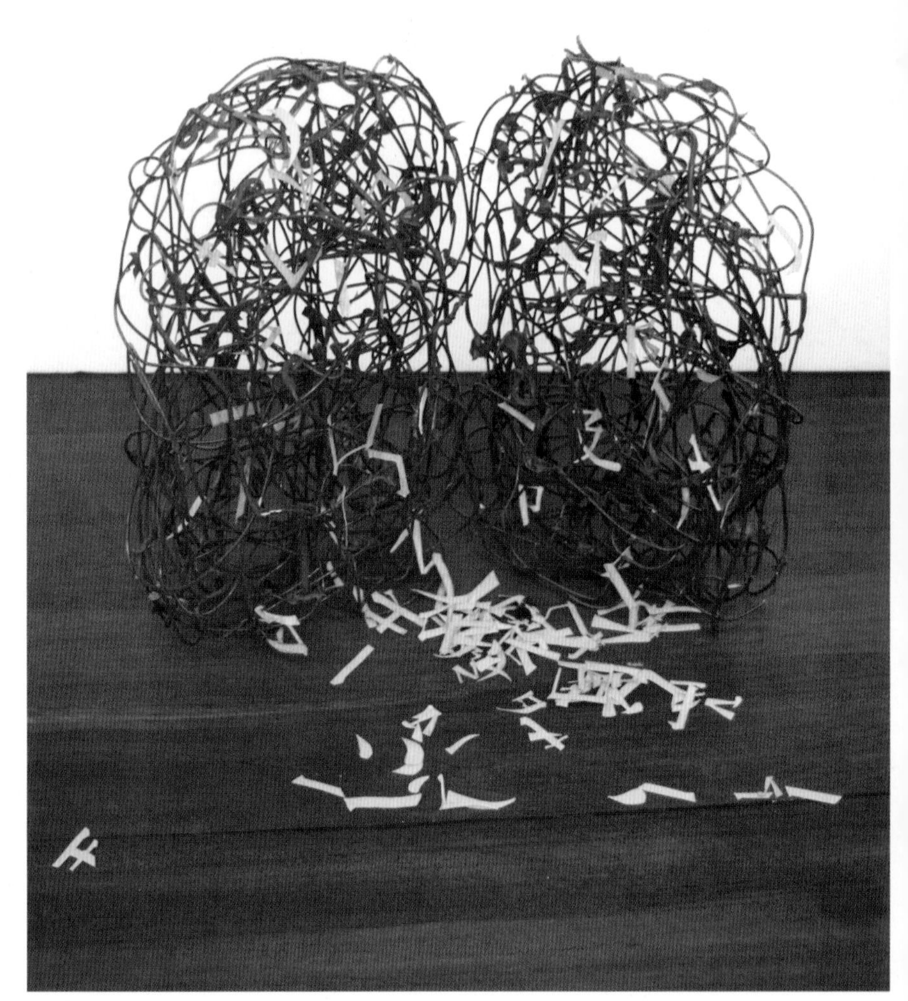

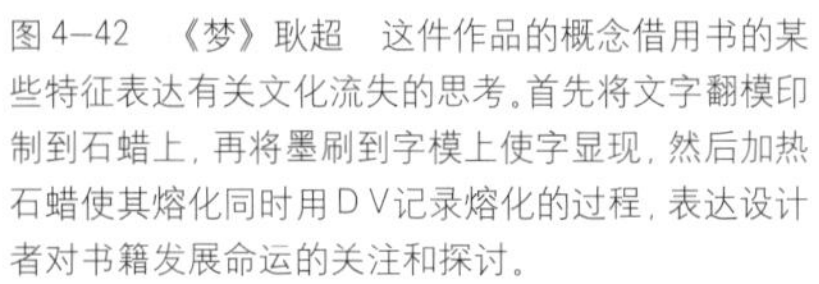

图4—42　《梦》耿超　这件作品的概念借用书的某些特征表达有关文化流失的思考。首先将文字翻模印制到石蜡上，再将墨刷到字模上使字显现，然后加热石蜡使其熔化同时用DV记录熔化的过程，表达设计者对书籍发展命运的关注和探讨。

图4—43　《部首》叶坤华　这件概念书作品将中国文字的偏旁部首杂乱地粘贴于团状混乱的铁丝上，表达出对中国文字现状的关注。

图4—44　《城市与市民》叶坤华　这本概念书和形态突破常规，直观地展现出城市人生活的普通场景，并通过它有趣地表达主题。

4—42	4—43
	4—44

学生优秀作品欣赏

（见图 4—45～4—54）。

图4—45　《中国先锋诗歌档案》王聪颖　这本书的外形设计独特到位。函套所采用的木盒形式，字体的形式及色彩都很有先锋特色，它们共同表现书籍的主题。

图 4—47　《生活小百科》谭伟怡　利用油画语言表现主题。材料的丰富多样性恰当地表现出“小百科”的综合性。

图 4—46　《指示》顾慧华　这本书在书籍开本形态上进行了有意义的探索，给人特殊的美感享受。

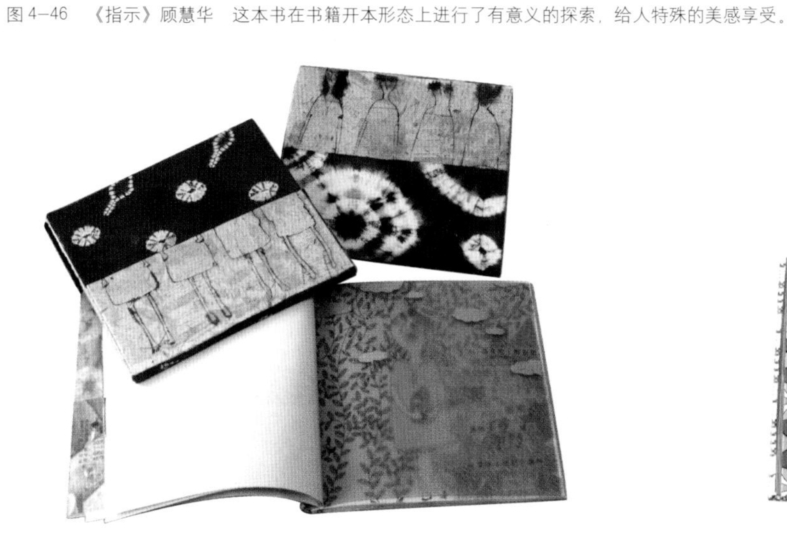

图 4—48　《心情日记》罗玉鑫　这本书用国画语言表现主题。所用的印花布、宣纸、硫酸纸等材料，充分体现出设计者所学的国画专业的背景。

图 4—49　《广东话》陈珊　这本书的主题是“广东话”，选题新颖，利用能够代表广东特色的红蓝白编织袋作为书籍函套的主材料，材质和内容结合得比较好。

图4-50 《LULU》梁绮霞 这是一本个人作品集，采用缝纫、粘贴等方式鲜明地表现出作品的主题——服装。

图4-51 《大宅门》黄任 这本书籍外形古朴雅致，门环的运用很好地表现出“门”的特色，也寓意封面即为“门”。捆绑的牛皮绳虽然增添了阅读的麻烦，但正是通过这种“麻烦”的体验，表现出书籍内容的复杂性。

图4-52 《感受天朔》杨力 这件作品的装订巧具匠心，封面使用的有机玻璃也衬托出书籍的独特。

图4-53 《京剧脸谱》冯伟安 这本关于脸谱的书籍，采用传统线装形式，版式疏朗，色彩大方，较好地融合了古今设计语言。

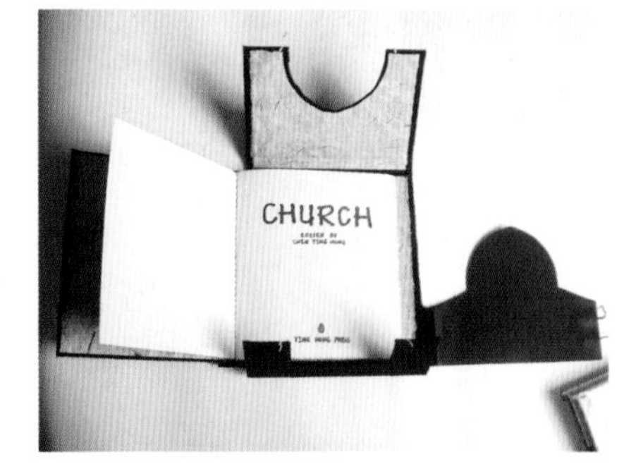

图4-54 这本《CHURCH》书运用黑色的织布及彩色珠片组成教堂的形态封套设计，很好地突出书的形式与内容，给人一种神秘气氛。

中国高等院校

THE CHINESE UNIVERSITY

21世纪高等教育美术专业教材

The Art Material for Higher Education of Twenty-first Century

汉字的视觉与错觉
字体的分类
字体与设计

CHAPTER 5

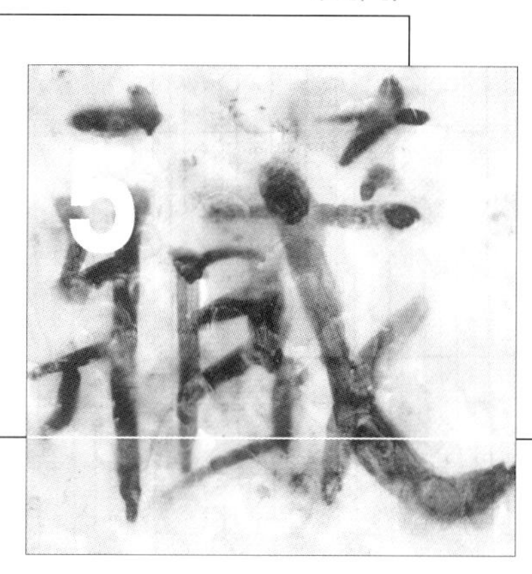

文字设计的视觉作用

第五章　文字设计的视觉作用

文字设计是探讨文字笔画、字架、行间和编排的组合形态，了解它的功能及性质，在特定的空间上使文字达到视觉美，在构造上实用功能颇高的文字，让阅读者能够收到视觉传达的效果。

第一节　汉字的视觉与错觉

汉字的视觉与错觉主要分为T形错觉、水平二分错觉、垂直二分错觉及方形字错觉等；汉字笔画组合与文字大小编排修正：

1.T形错觉

将两条粗细长短相等的笔画，摆成T字形，竖笔画在视觉上显得要比横笔画粗些，因而需把竖笔画作适当的缩短，使两者笔画看上去粗细长短相等（图5-1）。

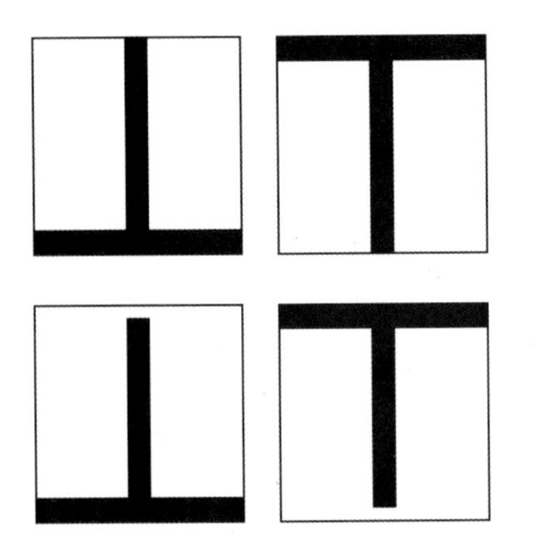

图5-1

2.水平二分错觉

水平二分等分笔画时，在视觉上产生上长下短的错觉，为了要获取视觉心理上具有安全平衡的文字，像此类框架的字形需上短下长或上小下大的变化取得平衡视觉效果（图5-2）。

图5-2

3.垂直二分错觉

人的眼睛习惯从左向右看，画面的左边似乎比实际面积显得轻，为了取得左、右两边的平衡，往往把左边画得大些（图5-3）。

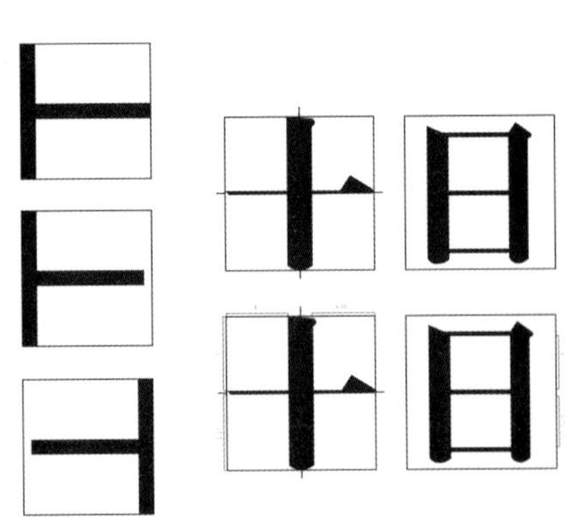

图5-3

4.方形字错觉

独立方块是汉字的特点，正方形作为汉字书写的基本方格。在视觉的错觉下，我们通常把正方形错视为矩形，因而正方形的文字结构需要作上、下稍扁的视觉调整（图5-4～5-5）。

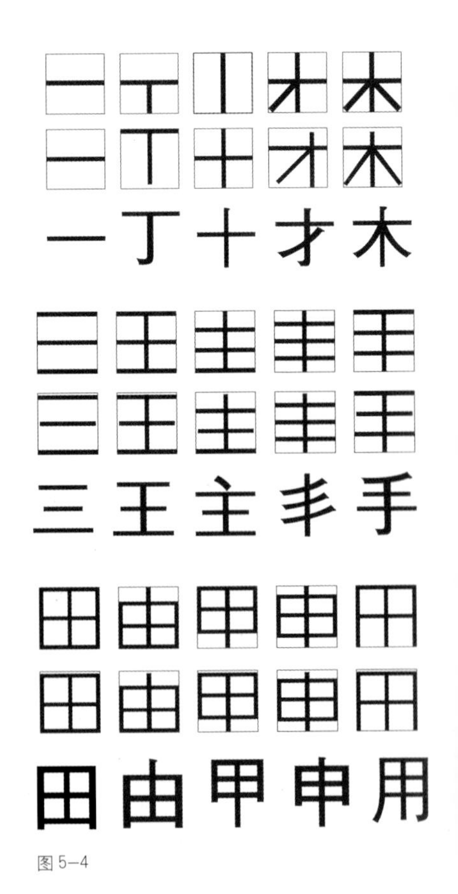

图5-4

图 5-5

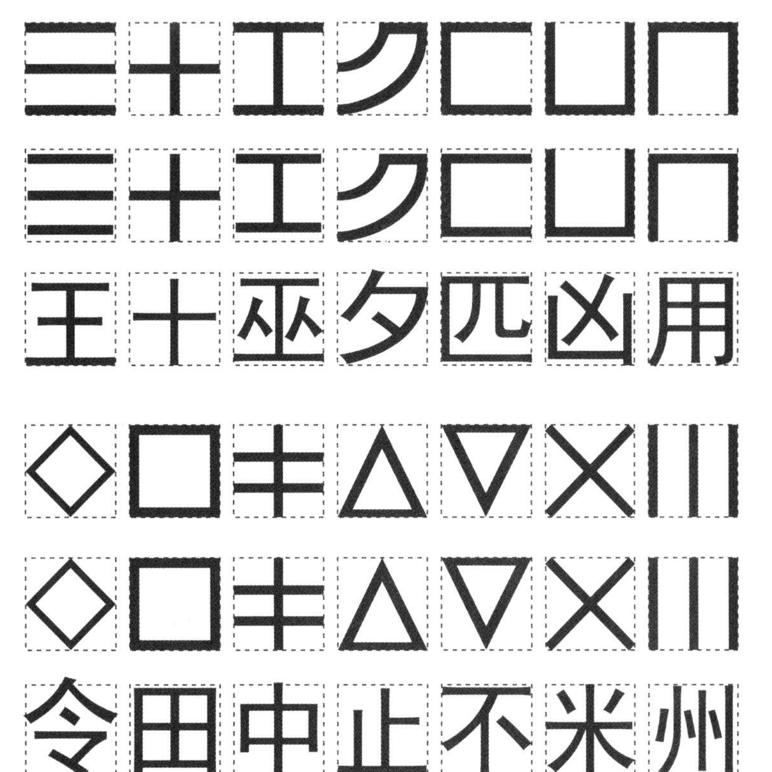

图 5-6

5.汉字笔画组合与文字大小编排修正

汉字是由各种笔画组合而成的，由于视觉上的关系，某些汉字的笔画组合、文字大小编排应作适度的修正（图5-6）。

第二节　字体的分类

书籍装帧设计中，常常使用的中文字体主要分为：书法手写字体、电脑字库字体及手绘设计字体三大类。

1.书法手写字体

自人类创造出用来记录表达思想的文字以来，文字已成为人类沟通不可缺少的表达方式。它是经过由象形文字符号进化而来的，由篆、隶书发展到楷、行、草书。时至现在，书法手写字体在书籍装帧设计中，成为文化传承非常流行的字体之一（图5-7、5-8）。

2.电脑字库字体

图 5-7

图 5-8

在印刷技术发达的今天，电脑字库字体已成为印刷界的主流字体，以往的印刷字体都要经过铸字、检字、排版及印制打样的复杂过程，现在这些过程经过电脑字库处理，不但能一次完成，而且通过电脑内装字库的活用，同一字体可变成众多大小、形状不同的字形。

3.手绘设计字体

在书籍的设计中，如需要为某含义而设计特别的标题字，则需要在以上的书法字体及电脑字库字体基础上创造出新的设计字体（图5–9～5–11）。

第三节　字体与设计

东西方由于文化发展及历史背景不同，均有自己所特有的文字形态。东方文字蕴藏深意，每字均有独立的表形、表音、表意功能的方块字结构，应用国家包括中、日、韩等。西方文字字母本身没有意义，必须通过串联成字，字形外表具有长短不一的形态差异，字义不能初见即解的表音拉丁文字。东方方块字则大多含义明显，在古代象形文字基础上做的延续。西方的拉丁文字外表变化较多，但含义不明确。因此，东西方文字各具优劣特点。

一、汉字字体的设计

汉字字体设计主要是以字体的使用功能、视觉美观及适合时代为目的。设计主要在汉字的编排、装饰造型、汉字的含义三方面进行设计。

1.汉字的编排

为了达到阅读流畅、编排美观的实用功能，要注意文稿的图形比例与字款、

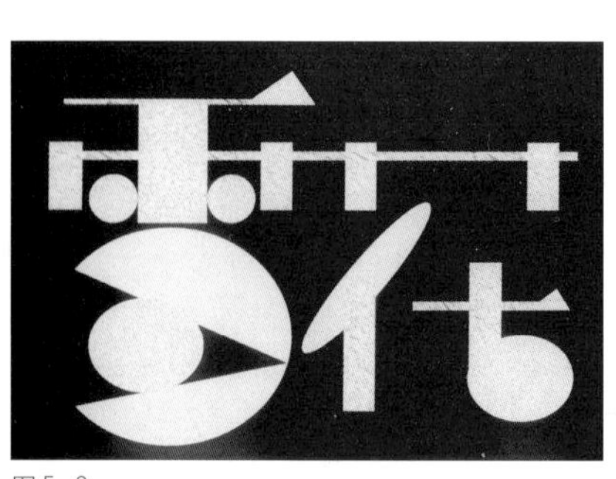

图5–9

图5–10

图5–11

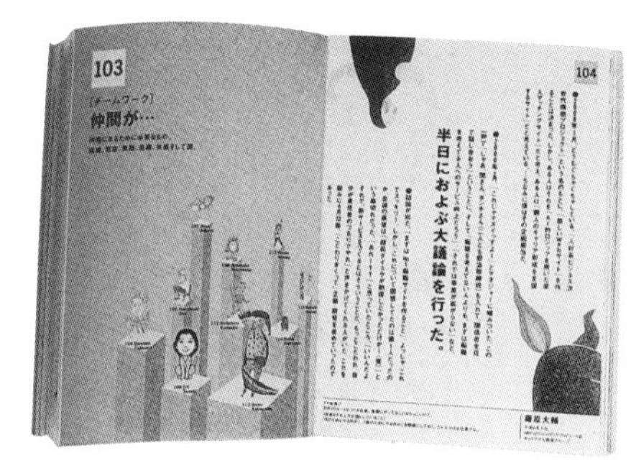

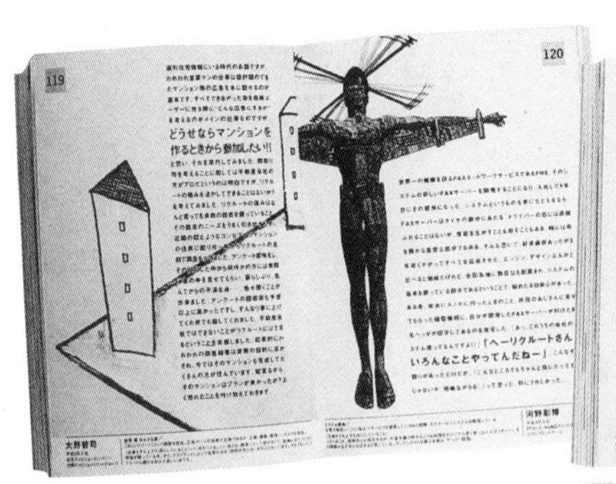

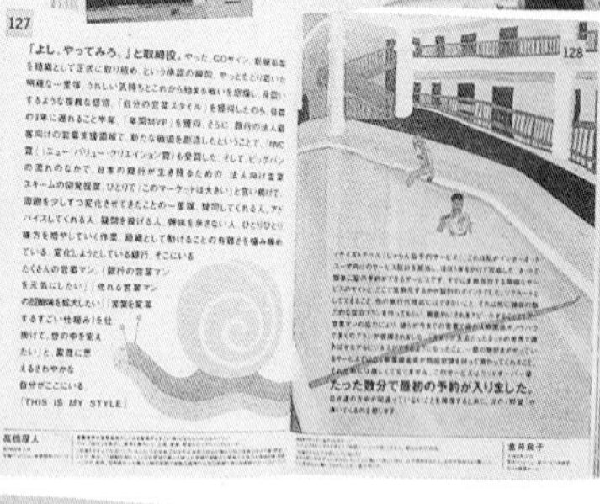

图5–12

字级大小；字距行间清晰，点句分段清楚、明确，排字格式新颖（图5–12）。

2.装饰造型

通过字体形态变化，把文字的部分空间加入图案、摄影及插图元素，使汉字变得富有情趣的视觉效果。但要特别注意文字的可读功能，及图形性格与字形的配合（图5–13～5–16）。

3.汉字的含义

把握汉字的意义，以汉字的笔画空间或部首结构作灵活的变化，是汉字构成美妙的特殊视觉表现（图5–17～5–21）。

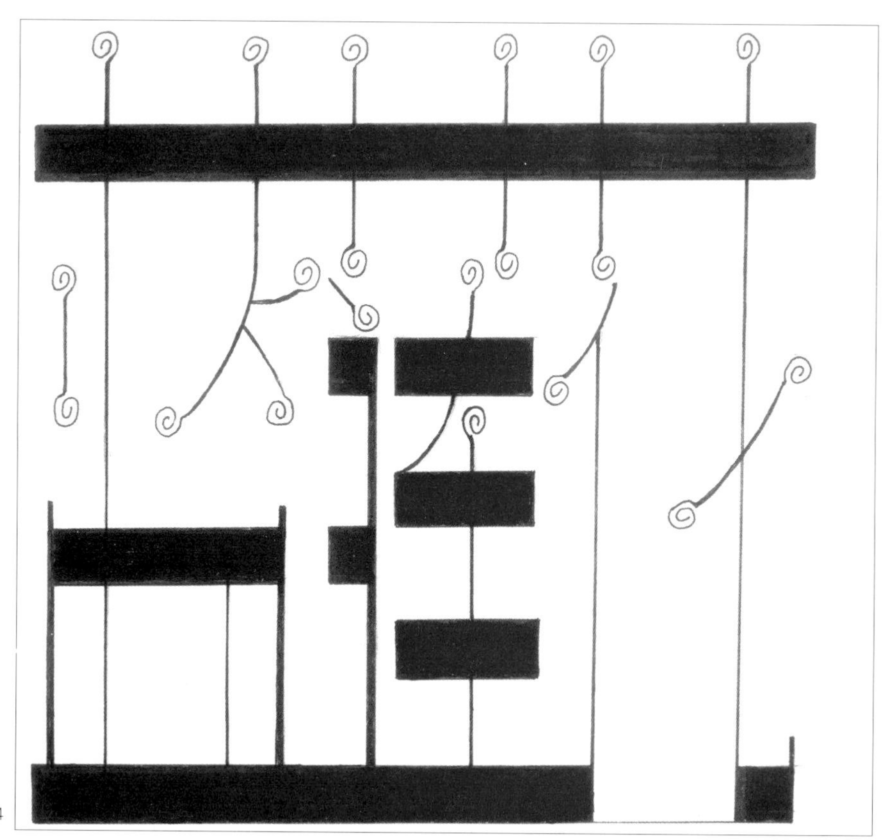

图5–14

图5–13

图5–15

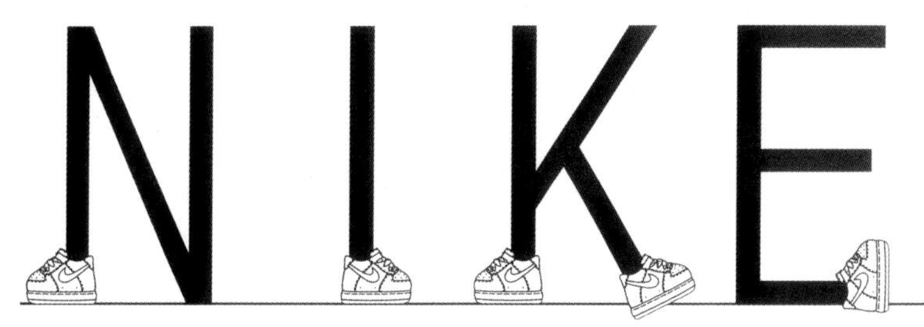

图 5–16

图 5–19

图 5–17

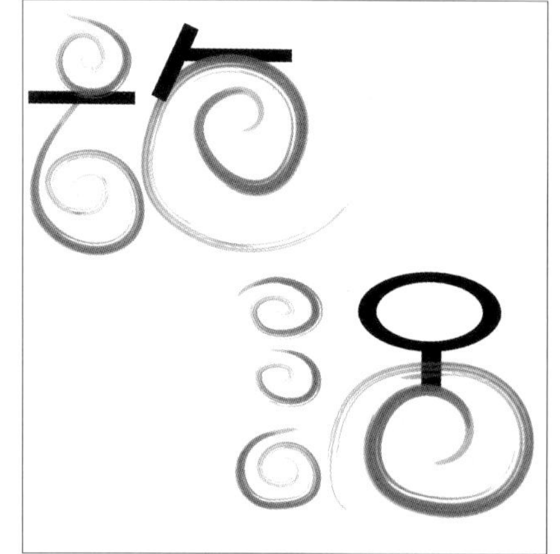

图 5–20

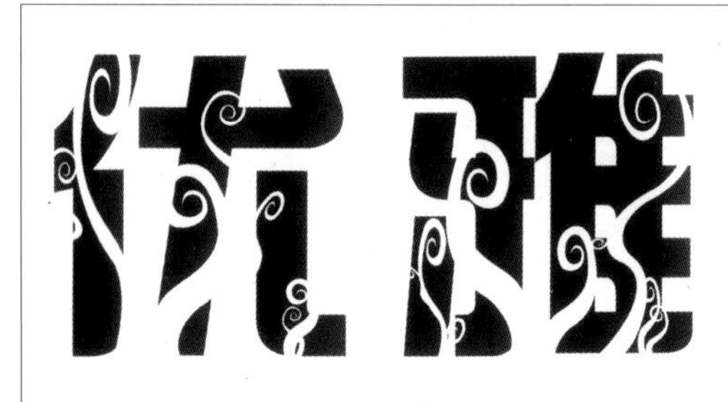

图 5–18

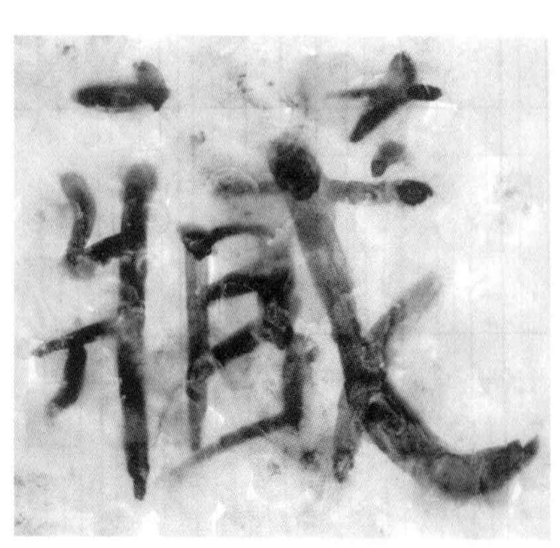

图 5–21

二、拉丁字体与组合规律

拉丁字母由26个字母组成，它整体结构主要是以一条水平线为基线，"X"字母为高度，有些字母超出或低出"X"高度线的字母，可通过在"X"高度线上、下做一条平行基线为标准（图5–22）。

拉丁英文字母主要以横、直、斜、弧基本线条组成圆、方、角的几何图形，加上上升、下降笔画的间隔填补，使字形有一种轻松的节奏感。由于英文字母的外形体态的可塑性，一般不懂英文的人均能从读音辨其形，往往比抽象图形及其他文字略占优势。

三、拉丁文字体的种类及特点

拉丁文字体的种类主要分为四个种类：

1.衬线字体

字母的顶端和字脚处有衬线装饰，整体感觉强烈精致。

2.无衬线字体

字母的顶端和字脚处没有衬线装饰，简洁流畅，力度感、现代感更强。

3.手写字体

近似于汉字手写字体，富于个性和灵活性，字体从传统到当代，从纤细到粗犷，形式多样。

4.设计字体

在以上三种字体基础上创造出的字体，字体现代感强，富于装饰性（图5–23）。

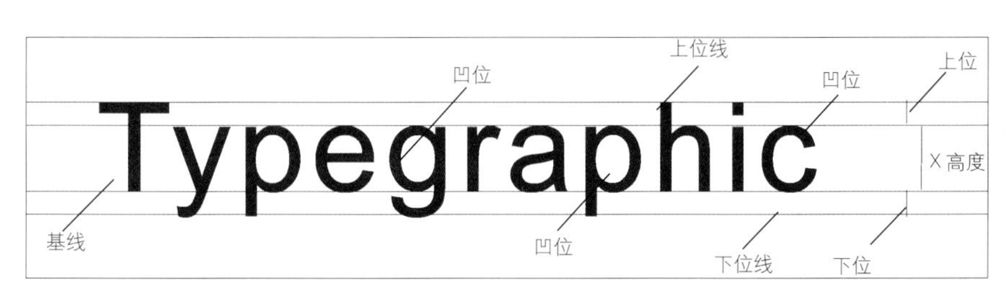

图5–22

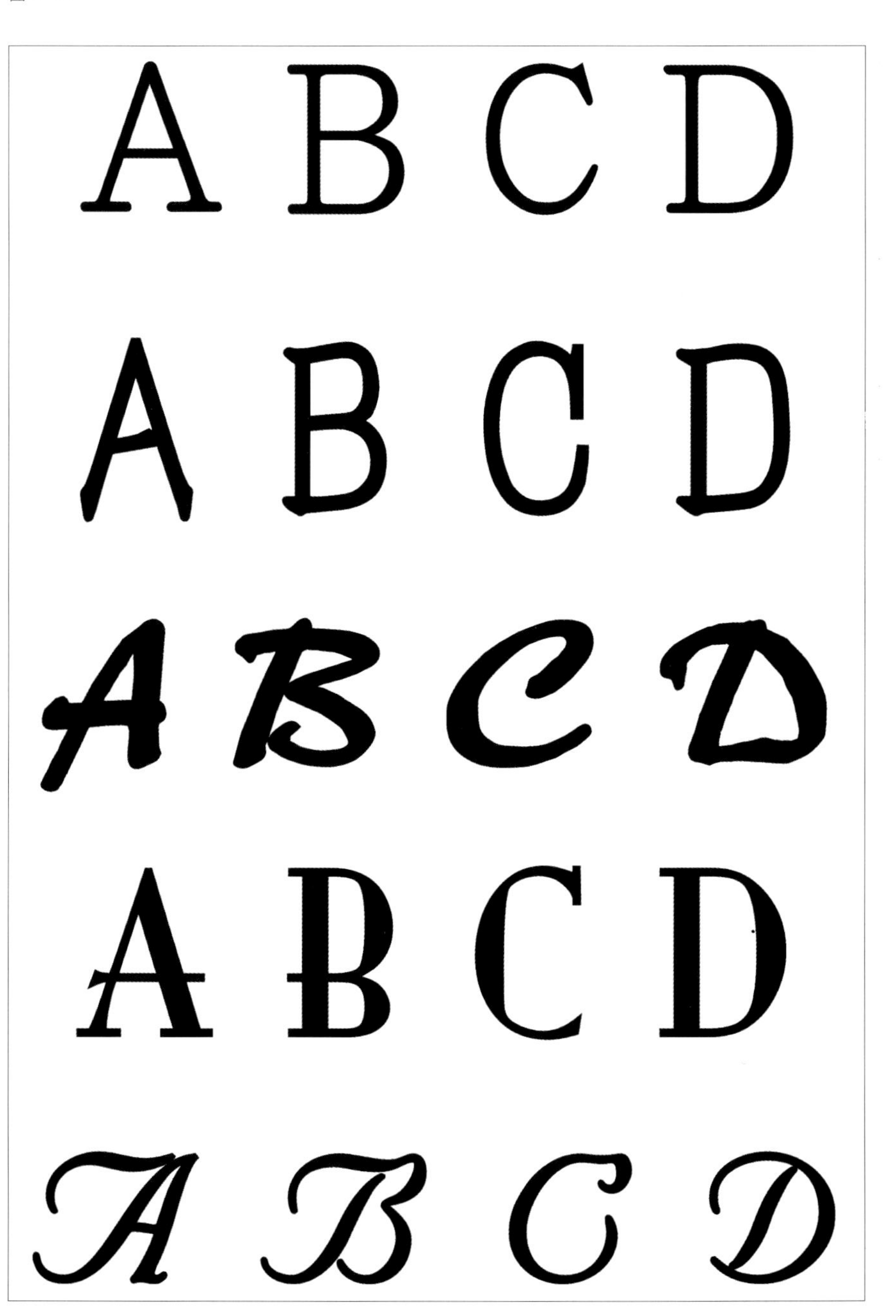

图5–23

四、拉丁文字的设计

1.拉丁字母的基本结构

拉丁字母的结构基本上是由横线、竖线、圆弧线组成，通过对线条的粗细改变、方向改变、弧度改变、大小改变、松紧关系的改变，达到字体的整体改变。

2.拉丁字母与图形的结合

拉丁字母虽然经过几千年的发展变得更为完善、抽象。有些字母不仅具有相当的具象图形特征，字母也可以与图形、花边结合，成为具有装饰性的字体。

3.重视字母组合的意义

重视字母组合的意义与形式的内在联系，从字体组合的词语含义具有代表性和特征性形态，表现视觉形象的特征（图5－24～5－28）。

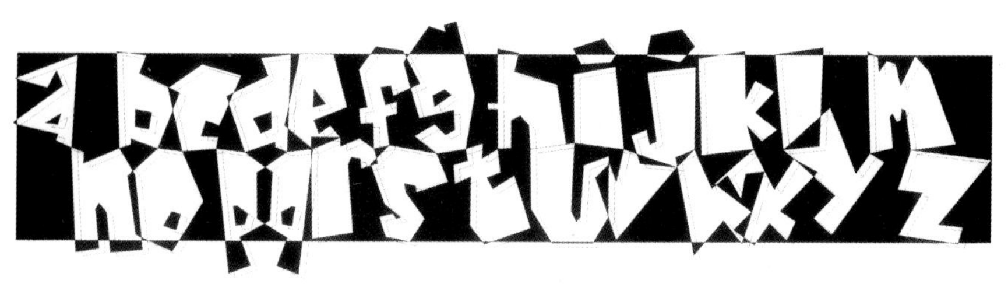

图5－24

图5－25

图5－27

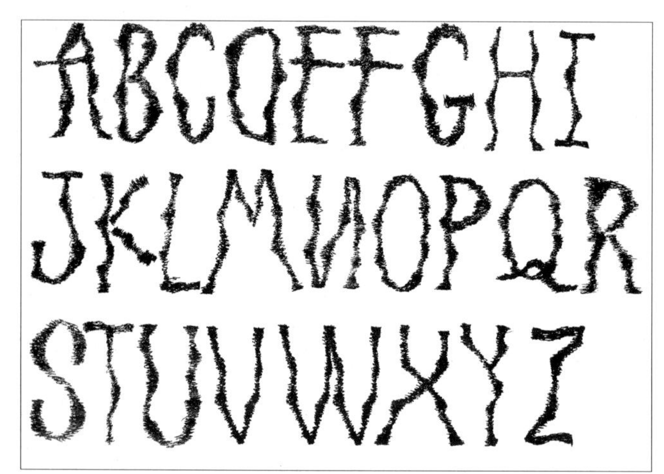

图5－26

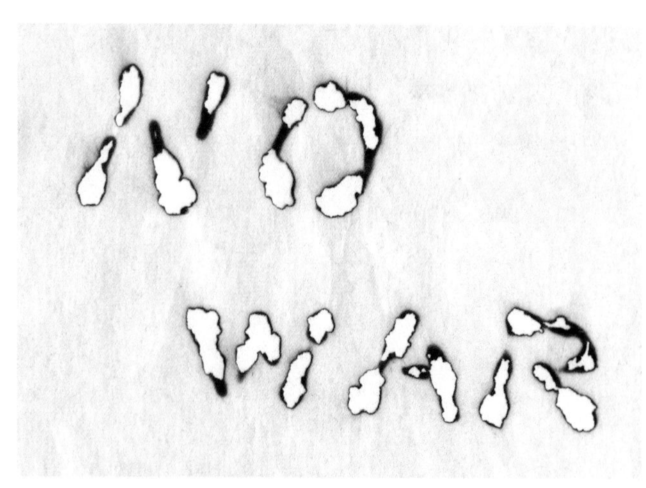

图5－28

构成版面版调及基调的版心设计
构成版面设计的编排方式
构成版面设计的分栏与行宽
构成版面的字号、字距及行距
构成版面设计的图片及插图的设计
版面的空白处理
版面的网格系统

中國高等院校
THE CHINESE UNIVERSITY
21世纪高等教育美术专业教材
The Art Material for Higher Education of Twenty-first Century

CHAPTER 6

版面阅读魅力——构成版面设计的基本元素

第六章　版面阅读魅力——构成版面设计的基本元素

书籍的页面版式功能是用来阅读的。为了减轻阅读压力，给读者可读性及趣味性，因而版面空间是构成书籍风格的基本要素。书籍的版面设计主要是在既定的版面上，在书籍内容的体裁、结构、层次、插图等方面，经过作者合理美感的处理，使书籍的开本、封面、装订形式取得协调，令读者阅读清晰流畅，在版面中营造一种温馨的阅读气氛。版式设计的好坏直接影响到读者的兴趣，它是书籍设计的重要内容之一。

版式设计涉及的内容主要包括：版心的大小、文字排列的顺序、字体、字号、字距、行距、段距、版面的布局和装饰。

第一节　构成版面版调及基调的版心设计

版面上容纳的文字及图画部分称之为版心。版心在版面上的比例、大小及位置，与书的阅读效果和版式的美感有着密切关系。

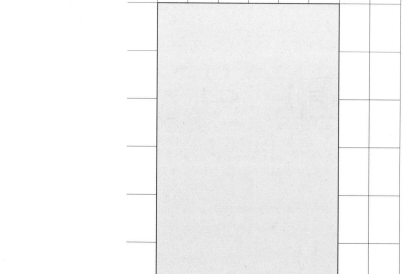

图 6-1

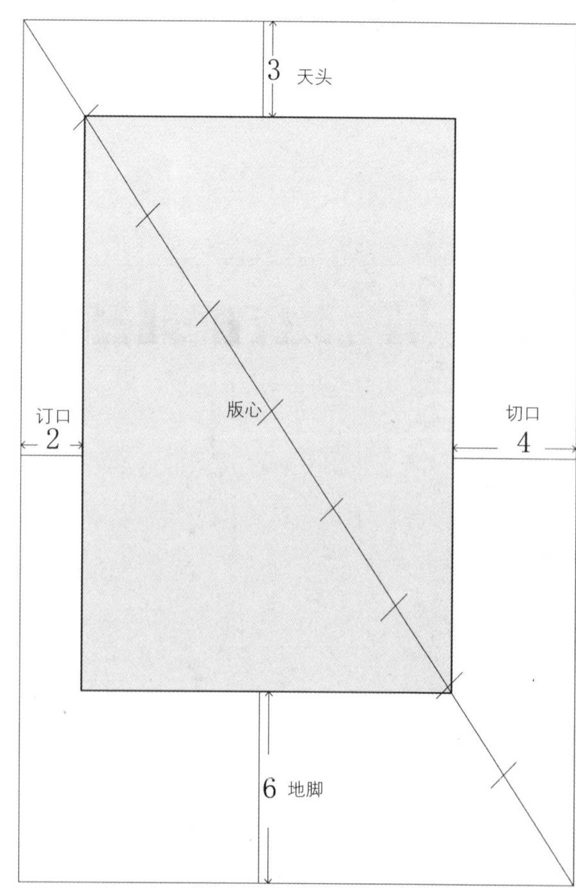

版心与四周边口按比例构成，一般是地脚大于天头，外切口大于订口。偏小的版心，容纳字的数量较少，页数随之增加。偏大的版心四周空间小，损害版面美感，影响阅读速度，容易使读者阅读有局促感。

19世纪末20世纪初，欧洲装帧艺术家约翰契肖特对中世纪《圣经》作了大量研究，认为开本比例为2∶3是版心最美的比例。版心与四周空间边口比例构成是地脚大于天头，外切口大于订口。

版心的高度应该等于开本的宽度，且四边空白上、下、左、右的比例为2∶3∶4∶6最为适合。

从版面整体效果来看，留出四周足够的空白，易引起读者对版心文字部分的注视，同时也给读者愉悦的阅读感觉（图6–1）。

第二节　构成版面设计的编排方式

编排方式是指版心正文中字与行的排列方式，中国传统古籍书的编排方式都是采用竖排式。这种方式的文字是自上而下竖排，由右至左，页面天头大，地脚小，版面装饰有象鼻、鱼尾、黑口与方形文字相呼应，整个版式设计充满东方文化的神韵与温文尔雅的书卷味（图6–2）。

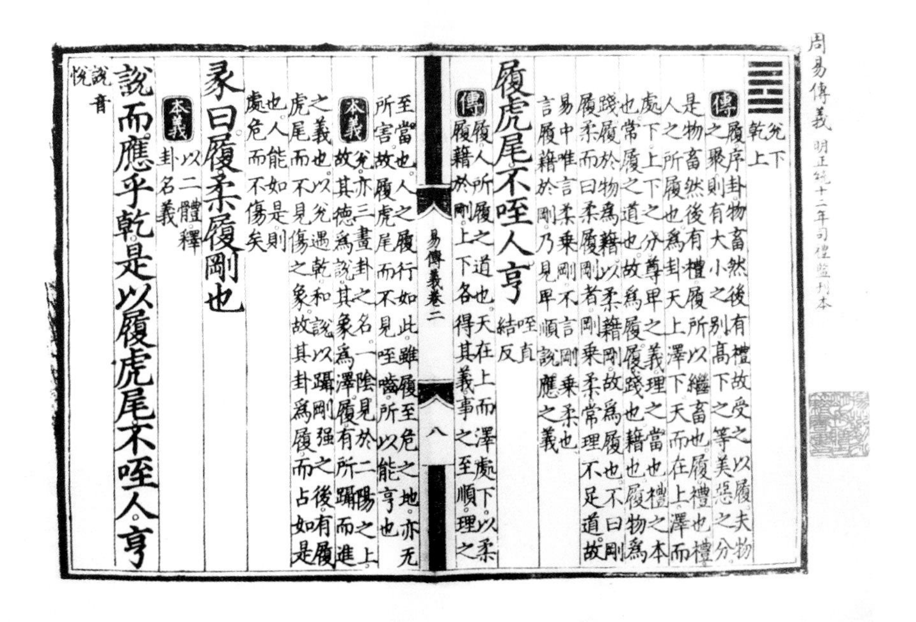
周易傳義　明正統十二年司禮監刊本

兌下
乾上

傳 履序卦物畜然後有禮故受之以履夫物之聚則有大小之別高下之等美惡之分是物畜然後有禮履所以繼畜也履禮也禮人之所履也為卦天上澤下天而在上澤而處下上下之分尊卑之義理之當也禮之本也常履之道也故為履履踐也藉也履物為踐履於物為藉以柔藉剛故為履也不曰剛履柔而曰柔履剛者剛乘柔常理不足道故易中唯言柔乘剛不言剛乘柔也言履藉於剛乃見卑順說應之義

履虎尾不咥人亨 咥直結反

傳 履人所履之道也天在上而澤處下以柔履藉於剛上下各得其義事之至順理之至當也人之履行如此雖履至危之地亦无所害故履虎尾而不見咥嚙所以能亨也

本義 兌亦三畫卦之名一陰見於二陽之上故其德為說其象為澤履有所躡而進之義也以兌遇乾和說以躡剛強之後有履虎尾而不見傷之象故其卦為履而占如是也人能如是則處危而不傷矣

彖曰履柔履剛也

本義 以二體釋卦名義

說而應乎乾是以履虎尾不咥人亨 說音悅

易傳義卷二　八

图6–2

西方书籍版式设计则注重数学的理性思维与版式设计的规范化，版式文字是采用由左至右的横排。随着19世纪末西方近代印刷术的传入，我国书籍的排版方式也渐渐由直排转变为横排方式。由于文字的横排式更适应眼睛的生理机能，同时横排由左至右，与汉字笔画方向一致，更符合阅读规律，因而现代图书版面编排除少数古籍之外，都采用横排方式（图6–3）。

图6–3

第三节　构成版面设计的分栏与行宽

由于人的生理视觉限度，据研究，人的视觉最佳行宽为8cm～10cm，行宽最大限度为12.6cm，如果行宽超出以上宽度，则读者阅读的效率就会随之降低，一般32开书籍都采用通栏排版，16开或更大的开本，为了保护视力，不宜排成通栏，宜排成双栏，版式设计可根据实际情况发挥创造。使版面宜阅读之外还增加美观、新颖的设计（图6–4、6–5）。

图 6–4

图 6–5

第四节　版面构成的字号、字距及行距

版面构成中，字号、字距及行距的宽窄设定也应认真对待，它能直接影响到视觉的阅读效率。书籍文字靠字间行距的宽窄处理来提高读者阅读的兴趣并产生空间指引。避免由于行距过窄，文字过密，而使阅读产生串行现象。因此，为了不影响视觉阅读效率，通常行距不小于字高的2/3，字间距离不得小于字宽的1/4为宜（图6–6、6–7）。

图 6–6

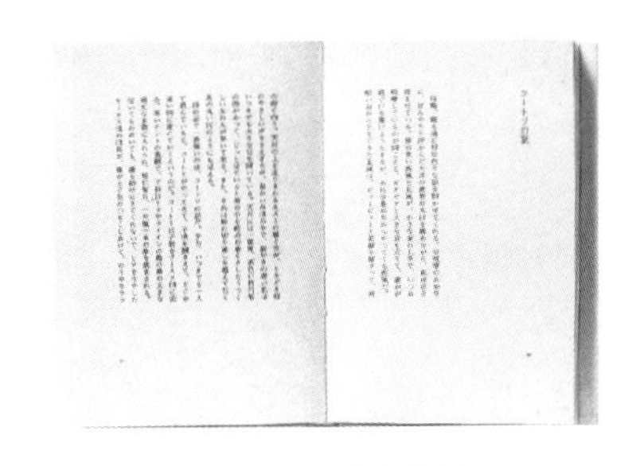

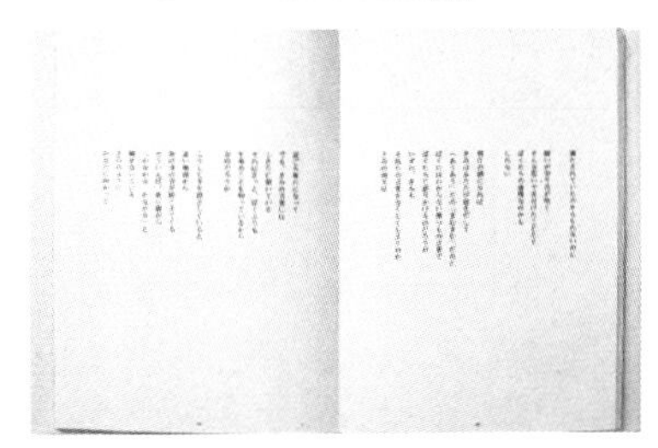

图6-7

图6-8

图6-9

第五节　构成版面设计的图片及插图的设计

图片及插图是书籍版面设计内容的重要组成部分。文字内容的编排要与图片及插图相配合呼应，在靠近与插图有关的正文处，留出准确的图片及插图空位，图片及插图形式的表现手法多种多样，可充分地发挥版式设计者的智慧与才能，创意出富有特色的设计（图6–8～6–11）。

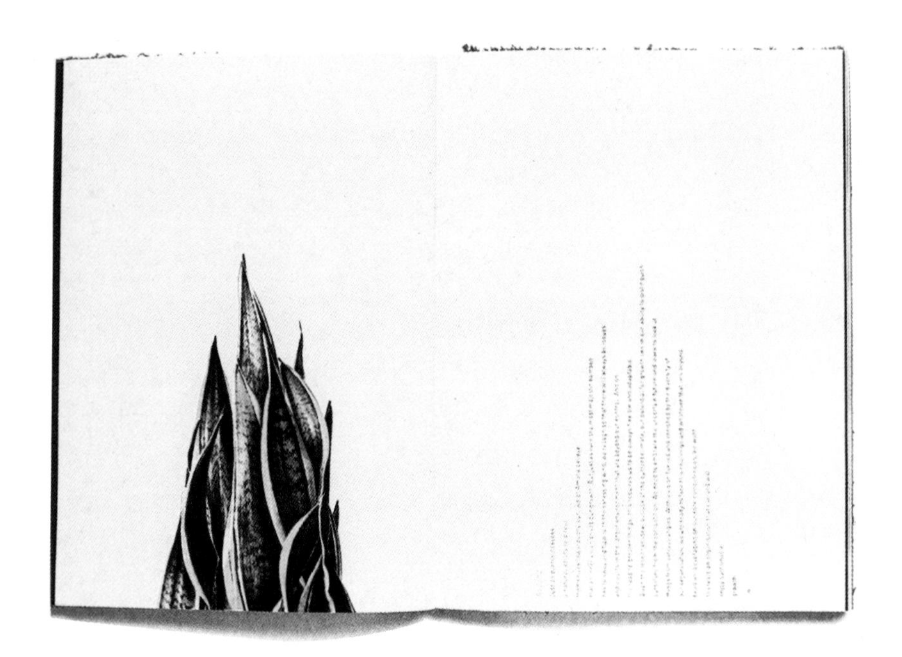

图 6–10

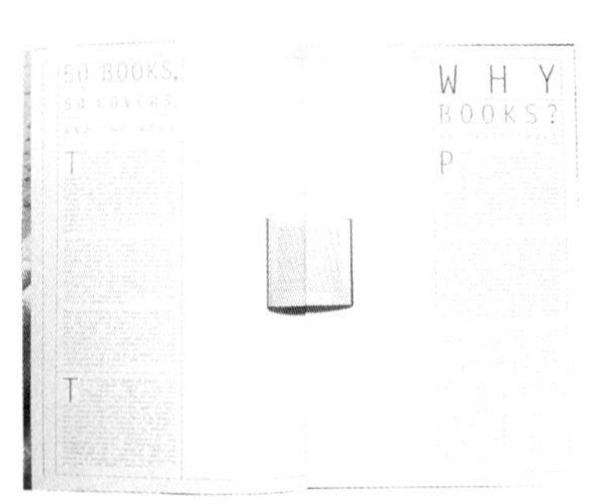

图 6–11

第六节　版面的空白处理

空白是整个设计的有机组成部分，没有空白也就没有了图形和文字。因此，空白作为一种页面元素，其作用好比色彩、图形和文字，有过之而无不及。在设计中，要敢于留空，善于留空，这是由空白本身的巨大作用所决定的。空白可以加强节奏，有与无、虚与实的空间对比，有助于形成充满活力的空间关系和画面效果，设计时必须注意空白的形状、大小及其图形、文字的渗透关系。空白可以引导视线，强化页面信息。还容易成为视觉焦点，使人过目不忘，印象深刻。空白还是一种重要的休闲空间，可以使我们的眼睛在紧张的阅读过程中得到休息，使其变得轻松。留有大片空白的页面元素给观者以无尽的想象空间，留有〝画尽意在〞、〝景外之景〞的余地（图 6–12～6–16）。

图 6–12

图 6–13

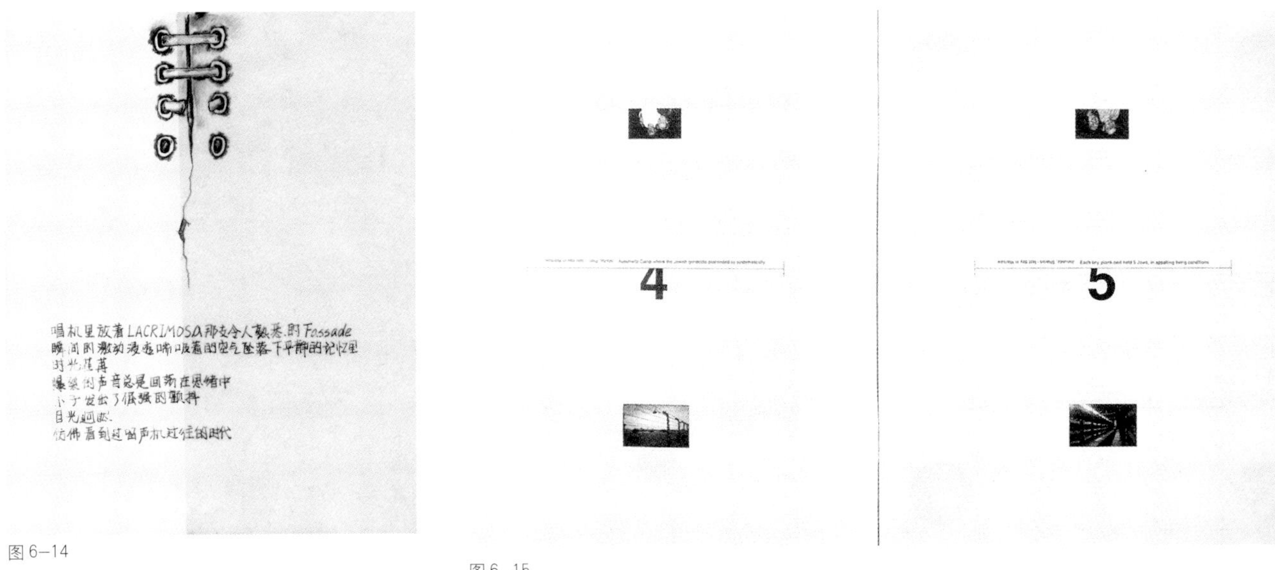

图 6–14

图 6–15

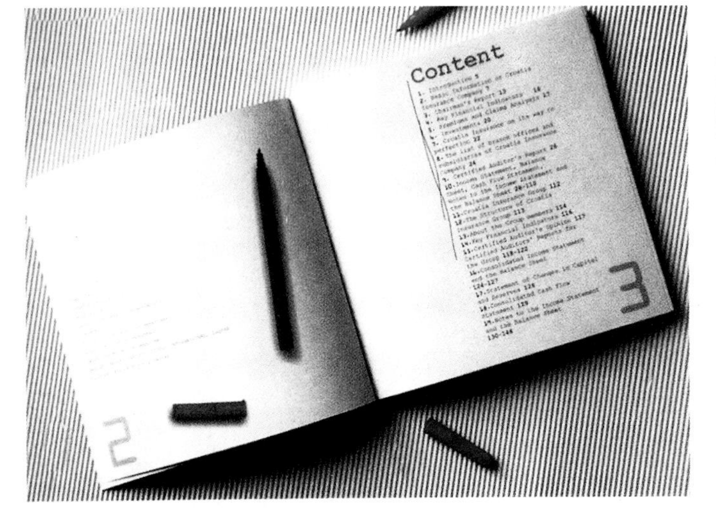

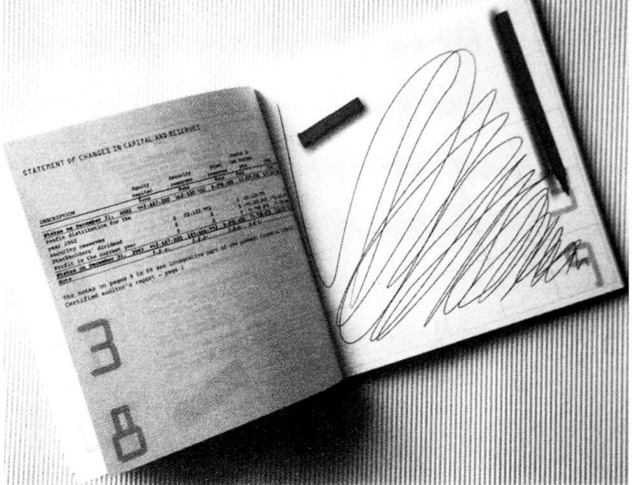

图 6–16

图6—17

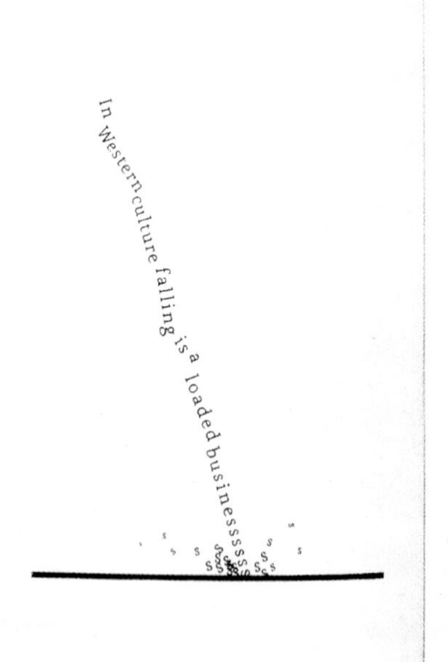

In rechanneling these aesthetic strategies through the slapstick idiom, the contributors to *Sudden Glory* reflect on this same critical tension, although without the high seriousness of some of their artistic ancestors.

Thus David Shrigley's heroically scaled sculpture of a bent nail parodies the idea of action-sculpture by evoking a spectacle of quotidian ineptitude. Jim Lambie's wall-mounted installation of torn garbage bags, all of which have leaked paint onto the floor, exudes an aura of aftermath while summoning visions of incontinence, or a wry transformation of trash into color-field painting. Evoking an absent performer, Matthew Ronay's *Billiard Shot* (2001) calls to mind a deconstructed stage set from an enigmatic slapstick routine, replete with a banana that has been catapulted to the ceiling, a sculpture of a swinging leg, and a costume lying bereft on the floor.

Ingar Dragset & Michael Elmgreen, meanwhile, take on minimalism in subverting the appearance of a fastidiously constructed shipping crate—a symbol of art world institutional power—by placing beside it a puddle that has seemingly oozed out from the crate's bottom. This unseemly spill—which comprises yet another type of fall—suggests an indecorous loss of control, an unwanted hint of libidinal excess befouling the perfection of the minimalist cube. It also recalls, however, the often-neglected performative subtext of a number of early

15

图6—18

对于设计者来说，白色总意味着挑战，设计者出于本能更多地依赖色彩增加设计效果。但过多使用色彩会使整体设计显得繁杂，现代设计崇尚〞少即是多〞的原则，尽可能用极少的元素进行设计，使版面既简洁明了又丰富细腻。极简的极致就是空白，利用空白元素进行设计，通过对其形状、位置的不同组合，产生千变万化的效果，具有简明扼要的美感。因此，留白并不是一种奢侈，它是设计的要素，是信息传递的需要。

马蒂斯说：画面没有可有可无的部分，若不起积极作用，必起破坏作用。多一笔不如少一笔，就如前面所说过的，电脑作为工具提供了巨大方便的同时，把设计引向繁杂化、拥挤化。有时摆上了很多东西却让人看不清想说什么，而越说不清就越往上面加东西，出来的效果就变成一堆东西在那里。让人想起〞大话西游〞里唐僧的啰唆冗长。话要说得洪亮有力，就必须在空旷无人的时候说，设计要醒目明了，就不能有太多的因素打扰，空白就是能产生这种效果的神秘工具（图6—17、6—18）。

第七节　版面的网格系统

版面的网格系统是指在进行文字编排、页边留白、主文字和图片的版面设计时，遵循一种精细和严密的格式。是一种固定的不可改变的页面安排，它是把所有的文字、图片都安排在预先计划好的网格里。网格结构虽然可能会显得过于固定和死板，但是，只要你根据文本实际需要采用适当的网格，就可把杂乱无章的图片、文字秩序化。网格并没有限制，你可以使用所有可能的形状和尺寸设计各种各样的网格结构。运用这种方法可把图片、文字将版面编排得井井有条，相互协调，既统一又有变化。

网格系统是杂志、报纸、画册、图文混排的一种版式设计的常用手法，这种手法给设计者带来整齐、规范、有规律、提高工作效率的好处，是现代版式设计较为常用的方法（图6—19～6—27）。

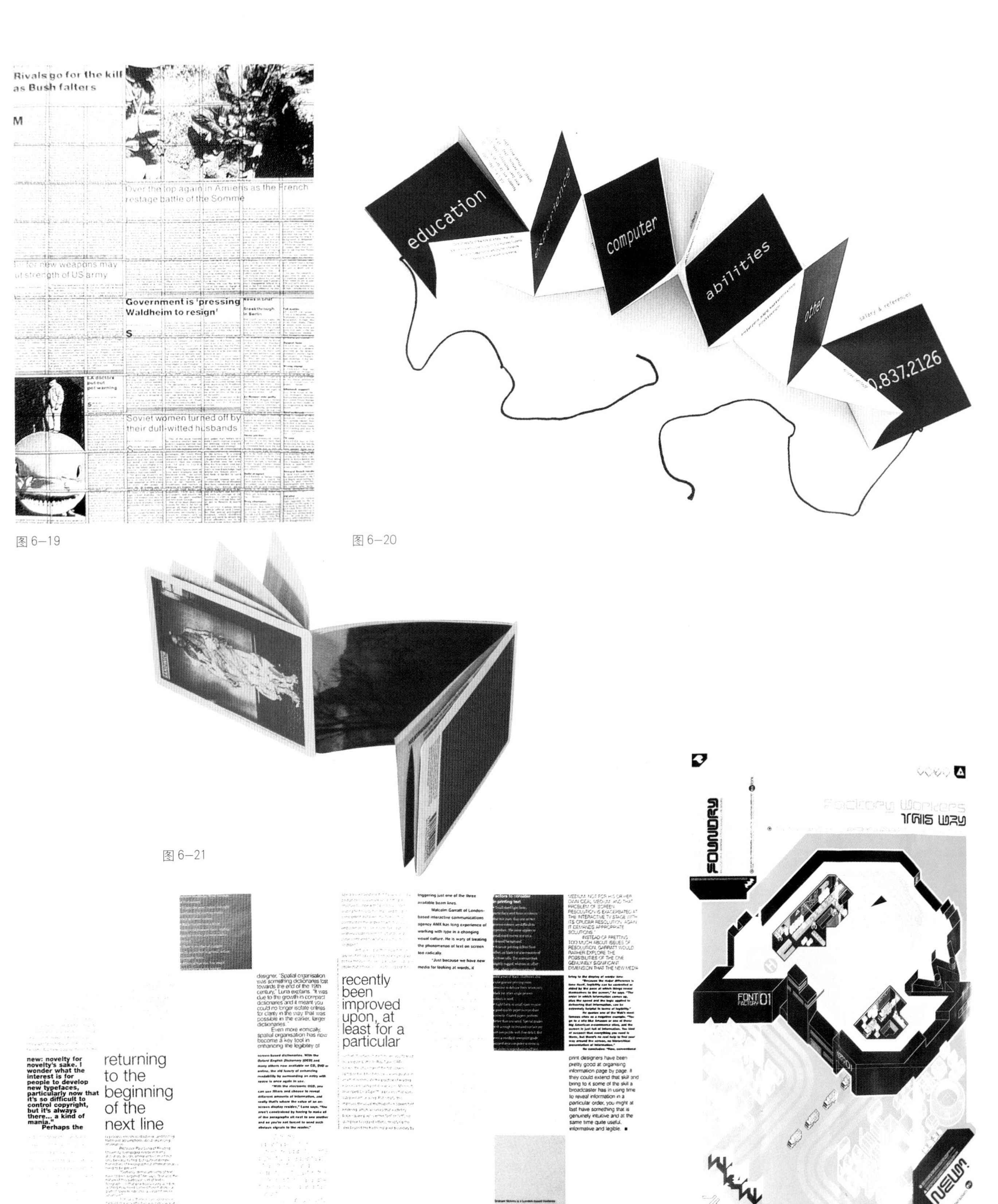

图 6—19

图 6—20

图 6—21

图 6—22

图 6—23

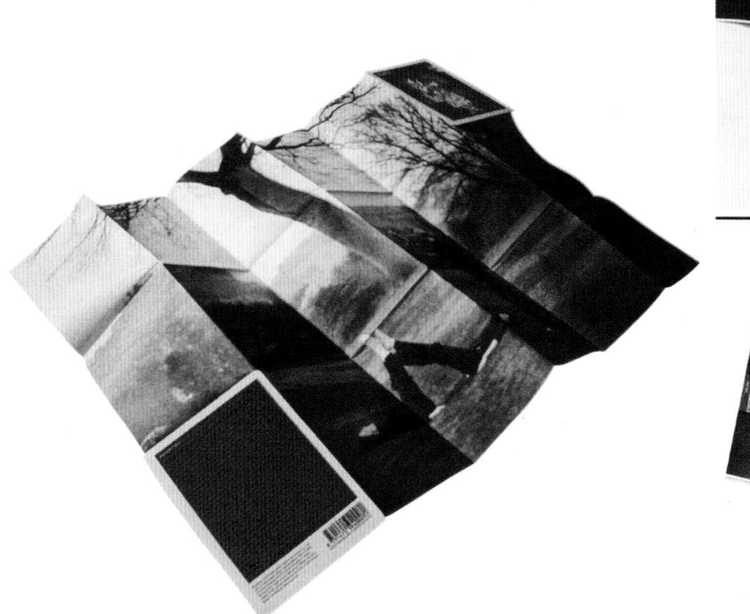

图 6–24

图 6–25

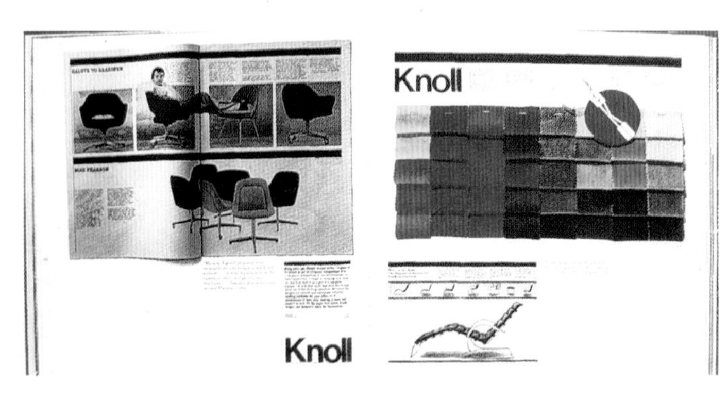

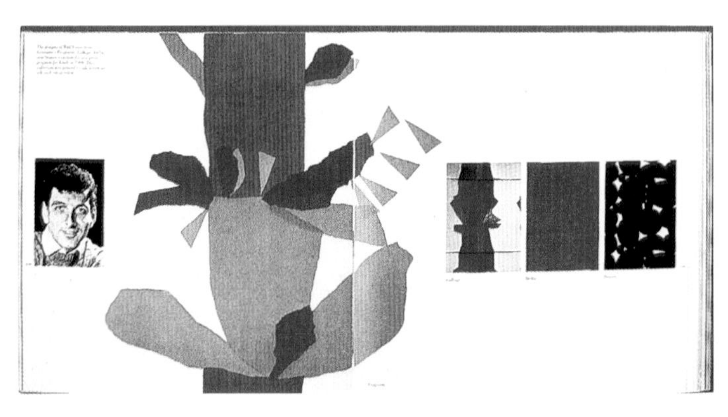

图 6–26

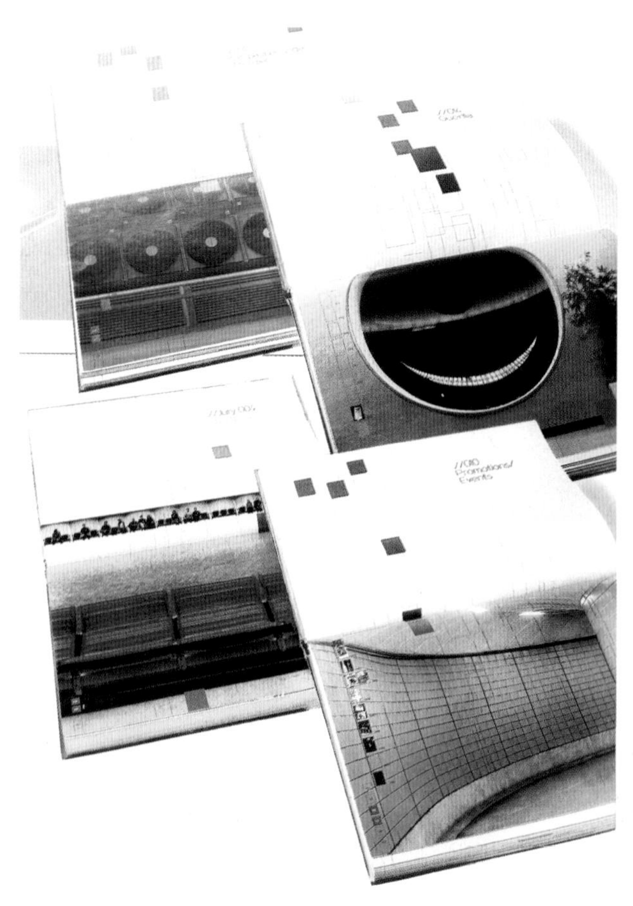

图 6–27

一般意义上的文本与插图的关系
文字语言与视觉语言的转换关系
插图创作的局限性
插图创作的表现手法
插图创作的表现技巧
进入图文互补的读图时代

中国高等院校
THE CHINESE UNIVERSITY
21世纪高等教育美术专业教材
The Art Material for Higher Education of Twenty-first Century

CHAPTER 7

不可替代的书籍插图

第七章　不可替代的书籍插图

第一节　一般意义上的文本与插图的关系

书籍中的文字内容是一门语言艺术，它是运用文字内容来表达思想与情感。插图是视觉艺术，是在文本的基础上对文本的形象、思想内容进行具象的表现。作为语言艺术的文本与作为视觉造型艺术的插图，既有共通性，也有异质性。表现在文本插图上，文本插图对文本具有附属性和阐释性，同时也具有一定的独立性（图 7–1～7–7）。

语言艺术与视觉、造型艺术的共通性与异质性，在文本插图问题上的具体体现是文本插图可以用造型语言来表现诗歌中的形象、氛围和意境。对文本具备阐释性和理解的能力，这种阐释对于文本首先具有依赖性或说从属性。但同时这种对于文本的阐释理解，又具有某种独立性，因为插图这种既依赖又独立的关系，在书籍文本中的作用是文字所不能替代的。

书籍插图对于书籍来说具有从属性。从插图应用功能来说，它不能离开文字内容独立存在，而是书籍的一部分。它必须与书籍的文字内容表达的思想内容和艺术风格相一致、相协调。这种从属性是

图 7–1

图 7–2

图 7–3

对于插图的特定制约，书籍插图的这种从属性，要求插图能够体现出书籍文本通过语言所表达的思想，所流露的情感或阐发的哲理。

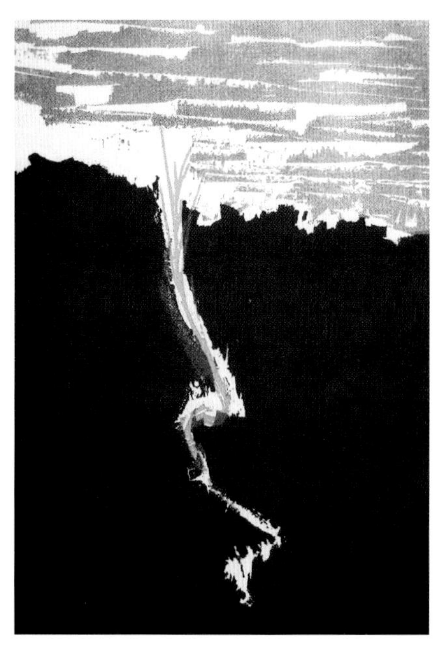

图 7–4

图 7–5

图 7–6

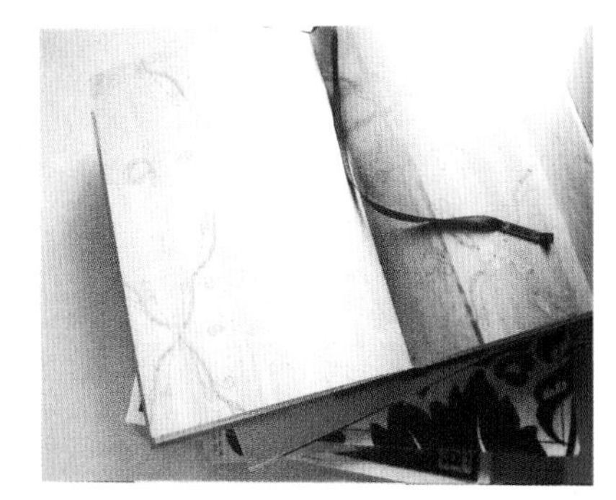

图 7–7

第二节　文字语言与视觉语言的转换关系

插图作为一门视觉造型艺术，一经产生就具有了相对于文字内容的独立性。这种独立性表现在两个方面：一方面是插图艺术作为视觉造型艺术，它所使用的媒介要素不同于诗歌这种语言艺术。书籍用文字语言的特点是形象的间接性、意象性、概括性和模糊性。一般现代的文学理论认为语言艺术具有独特的特点是其他艺术无法替代的（图7–8～7–10）。而插图作为视觉造型艺术，它用的视觉造型语言具有可视的、直观的特点。它所塑造的形象可以直接诉诸人的视觉，与文字语言的不确定性相比，插图具有相对的直观性及具象性。另一方面插图创作者对于文字脚本的独立见解，使插图作品具备了独立性。这种独立性，就是插图创作者本人对于作品的理解是自我一己的，即我们在阅读《红楼梦》时，会产生一千个读者有一千个贾宝玉。从理论上看，就是现代〞解释学〞或者〞接受的差异〞。接受美学强调读者对文本理解的主动性和创造性，强调不同时代的不同读者对文学文本有不同的阐解的权利，并将这种权利上升到文学脚本的高度，对文学脚本具有划时代的意义。这样，贾宝玉便有〞一千个〞，文字脚本中那个我们都能看见的贾宝玉已不具备决定的意义。

客观的、共识性的文字阐释从此不复存在。插图创作者对于文字脚本的理解，同样具有这种接受上的独立性，也因此使得插图对于文字的阐释具备了独立性。

但是，插图创作者相对于文字脚本的独立性是有限的。因此插图相对于文字脚本的独立性也是有限的。这种有限性体现在，一是插图创作者不能穷尽文字脚本的丰富意蕴和内涵；二是指插图创作者对于文字脚本的理解只是对文本的众多理解中的一种。插图的理解和阐释是对文字脚本的丰富意义的发掘，但这种发掘是有其自身的限度。插图不能完全替代语言赋予诗歌的独特魅力，并且也不能充当语言直观的阐释媒介，这是由各门艺术的独特素质决定的。

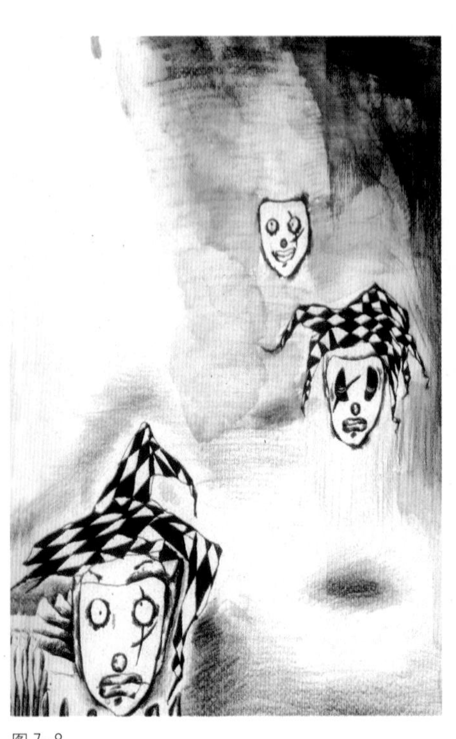
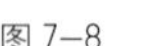
图7–8

图7–9

图7–10

第三节　插图创作的局限性

插图创作者通常在绘制插图时常常受到一定的局限性。主要是有以下三种。

1.受制作费用的限制

制作费用的多与少，都会直接影响所需插图创作的优劣，如文学作品通常都是黑白文字版，要节省费用，所需的插图也最好是黑白的，这就是为什么文字类书籍木刻版画除具有刀刻味以外，黑白因素也特别适合作为文学书籍插图（图 7—11）。

2.受版面设计的限制

插图创作者除了把文字脚本表达出来之外，更要把握书籍装帧版面整体设计的文字位置和文字的版面大小形状各方面的配合（图 7—12）。

3.受文字脚本内容的限制

插图创作者既要考虑文字脚本内容，又要把文字内容透过视觉元素客观地表达出来（图 7—13）。

图 7—12

图 7—11

图 7—13

第四节　插图创作的表现手法

1.写实性插图

插图创作者对客观对象的写实性表现。如利用摄影图片，渗入创作者的主观意念，使读者产生直观印象而达到创作目的（图 7–14）。

2.抽象性插图

插图作者利用有机形、几何形或线条组合，运用各种材料混合变化而产生的偶然性效果，这种表现手法通常结合肌理纹样达到视觉效果（图 7–15）。

3.卡通漫画式插图

为了增加阅读者趣味感而采用的表现手法。如使用夸张、变形、幽默等手法达到视觉效果（图 7–16、7–17）。

4.混合式插图

以上三种表现手法混合使用，可产生变化丰富的视觉效果。

图 7–14

图 7–15

图 7–16

图 7–17

第五节　插图创作的表现技巧

1.幽默、讽刺性插图（图 7–18～7–20）

2.立体式插图（图 7–6）

3.剧叙、意叙、直叙性插图（图 7–21、7–22）

4.寓言式插图（图 7–13）

5.装饰性插图（图 7–23）

6.象征、幻想性插图（图 7–24～7–27）

插图不能笼统地说是属于何种画种，它可以汇集各种绘画形式，是一门综合绘画艺术，无论是何种形式、何种风格，插图本身有着引人注目的视觉效果。

图 7–19

图 7–18

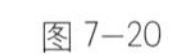

图 7–20

图 7–21

图 7–23

图 7–22

图 7–24

图 7–25

图 7–26

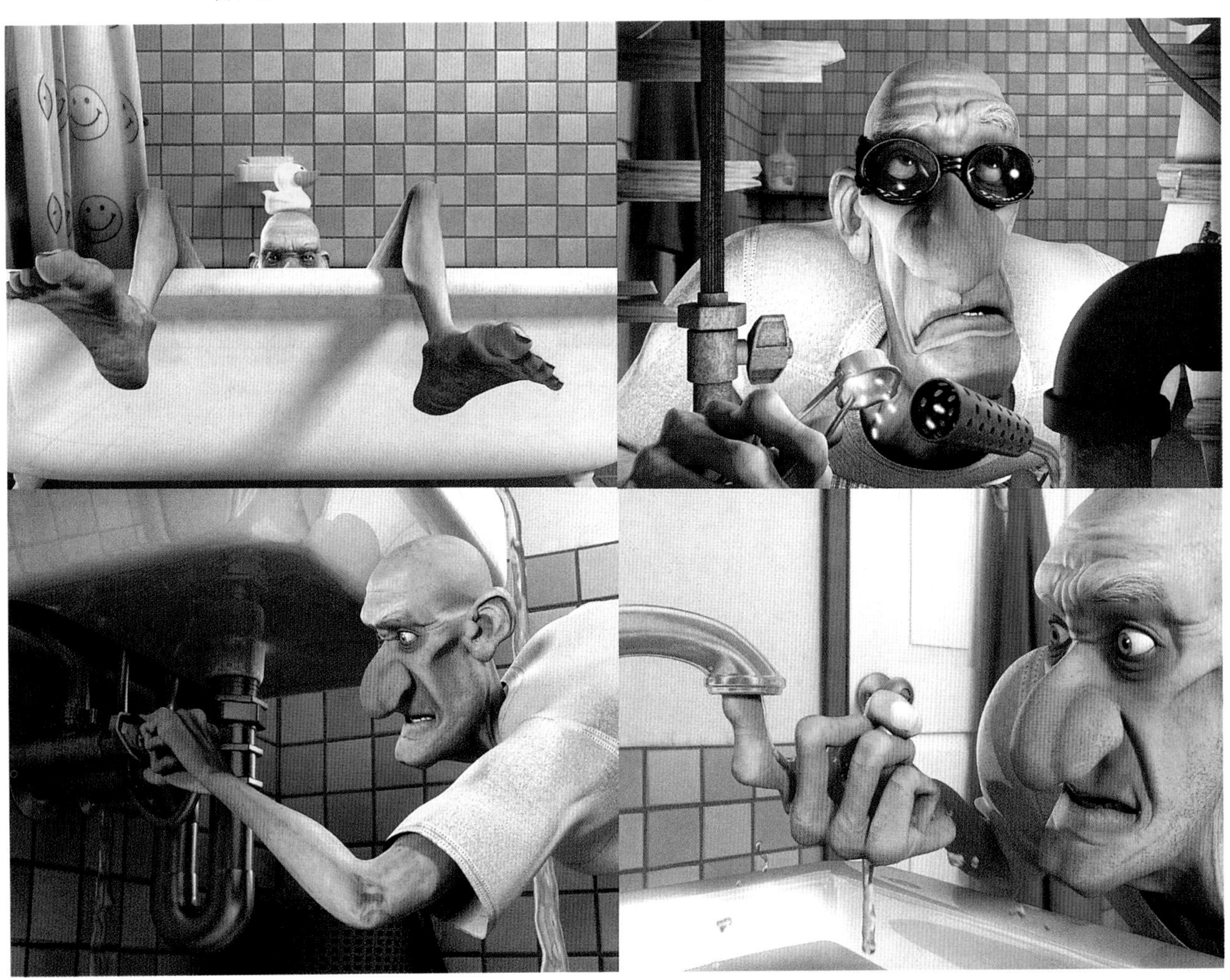
图 7–27

第六节　进入图文互补的读图时代

图文互补适应了现代社会的需要，正是由于插图的视觉功能与文字的阅读功能在阅读中互补，造就了轻松、快捷、直观的阅读方式。随着人们生活节奏的加快，图文互补的快捷阅读方式正广泛受到读者的欢迎（图 7–28、7–30）。

文字与图的最大不同就在于传达信息的主动性和被动性。随着社会信息转变，各种传媒接踵而来。新的工具和技术不断出现。为读者带来新的视觉刺激与知觉感受。新的时代信息对审美空间的刺激，终究使插图的存在状态不断演变。电脑造型技术、影像艺术、光动、声动等综合效应的应运而生，带给读者视觉、听觉、触觉、生理和心理等多方面的新体验。这种契合时代脉搏的新艺术形式，代表了人类发展的精神追求，同时也给现代插图艺术提供了更广阔的表现空间和技术空间。但无论是何种形式，也不管技术与工具如何地反作用于插图创作，图文互补的阅读方式终是占有主导地位，这正是插图赋予读者乐此不疲的阅读方式（图 7–29）。

图 7–29

图 7–28

图 7–30

中国高等院校

THE CHINESE UNIVERSITY

21世纪高等教育美术专业教材

The Art Material for Higher Education of Twenty-first Century

CHAPTER 8

印刷的概念与要素

印刷工艺选择的种类、特点及应用

印刷工艺与油墨

印刷制版工艺

印刷工艺与印纸

书籍设计与装订工艺

书籍的材质美感

印刷工艺与材质美感表现

第八章　印刷工艺与材质美感表现

本节教学目的是要求学生能了解书籍印刷工艺常识，同时要求学生熟悉材质，把握创意与材质的合理运用。

第一节　印刷的概念与要素

印刷的概念是以文字原稿或图像原稿为依据，利用直接或间接的方法制印版，再在印版上敷上黏附性色料，在外力的作用下，使印版上的黏附性色料转移到承印物表面上，从而得到批量复制印刷品的技术。

常规印刷必须具备原稿、印版、承印物、印刷油墨、印刷机械五大要素（图8–1、8–2）。

1.原稿

原稿是指制版所需的复制物的图文信息，原稿质量的好与坏，直接影响印刷品的质量。因此在印前，一定要选择和制作适合于制版、印刷的原稿，以保证印刷品的质量标准。

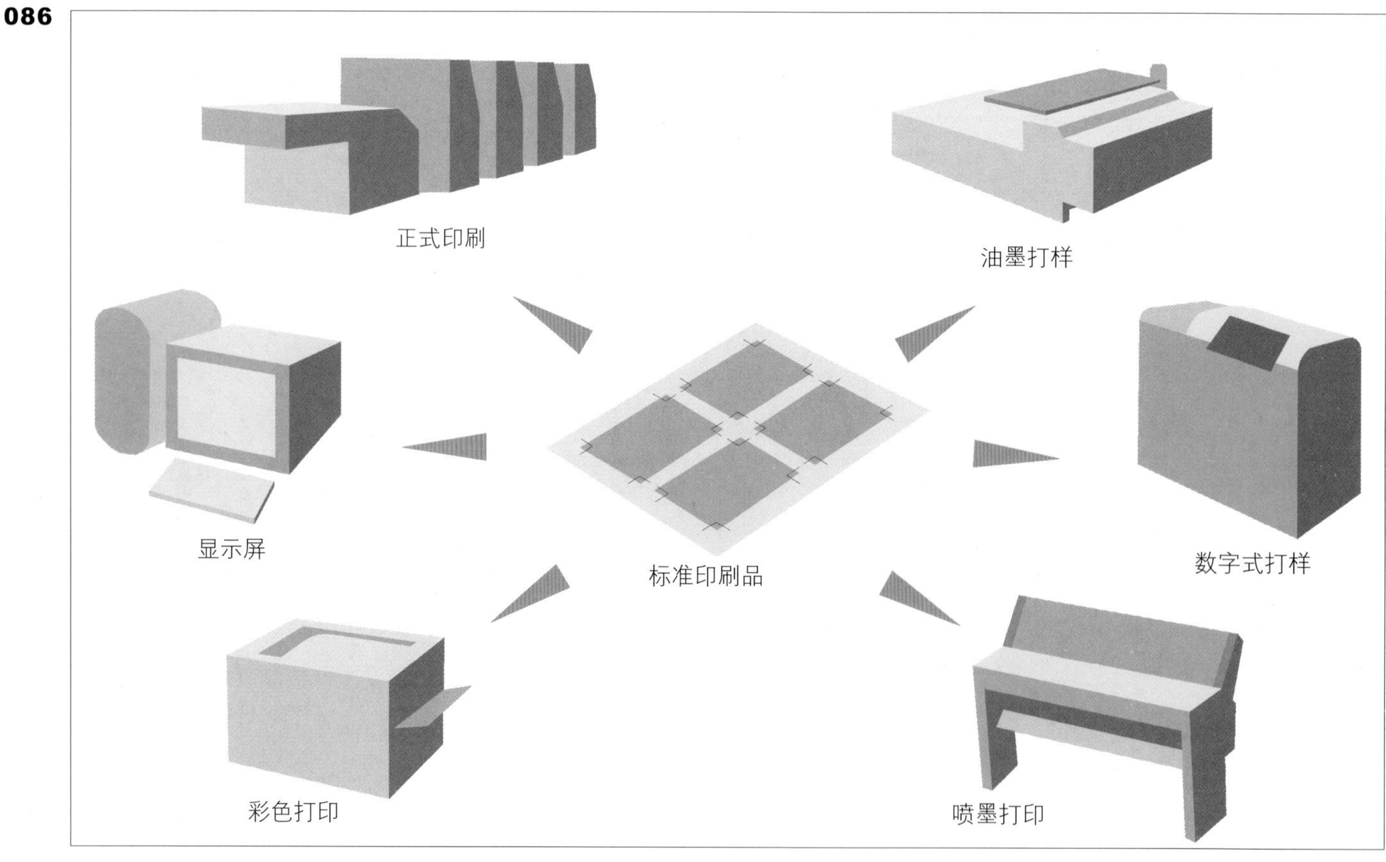

图 8–1

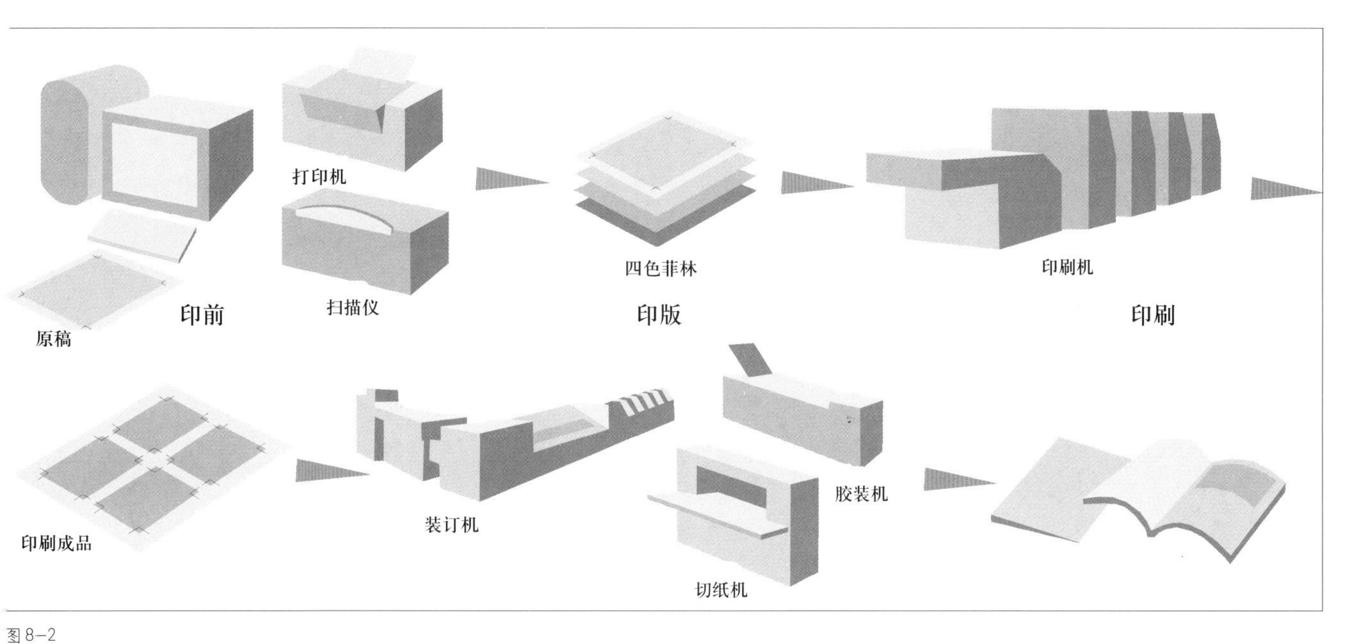

图 8–2

按印刷工艺来分，一般分为文字原稿和图像原稿两大类。

2. 印版

印版是把油墨转移至承印物上的印刷图文载体。印刷上，吸附油墨的部分为印纹部分，也称图文部分，不吸附油墨的部分为空白部分，也称非图文部分（图 8–3）。

3. 承印物

承印物是承受印刷油墨或吸附色料的各种材料，常用的承印物是纸张。

随着科技的进步，印刷承印物的种类不断扩大，现在不仅是纸张，还包括各种材料，如纤维织物、塑料、木材、金属、玻璃、陶瓷、皮革等等（图 8–4）。

4. 印刷油墨

印刷油墨是把承印物上的印纹物质转移到承印物上。承印物从印版上转印成图文，色料图文附着于承印物表面成为印刷痕迹。

印刷用油墨是一种由色料微粒均匀分散在连接料中，并有填充料与助剂加

图 8–3

图 8–4

图 8–5

入，具有一定的流动性和黏性的物质（图8–5）。

5.印刷机械

印刷机按印版类型分为凸版印刷机、平版印刷机、凹版印刷机、孔版印刷机。

印刷机按印刷纸幅大小分为八开印刷机、四开印刷机、对开印刷机、全张印刷机。

印刷机按印刷色数分为单色印刷机、多色（双色、四色、五色、六色、八色）印刷机（图8–6、8–7）。

第二节　印刷工艺选择的种类、特点及应用

印刷工艺选择的种类有凸版印刷、平版印刷、凹版印刷、孔版印刷四种不同类别的印刷方式。

1.凸版印刷

凸版印刷的印版，其印纹部分高于空白部分，而且所有印纹部分均在同一平面上。由于空白部分是凹下的，加压时传承印物上的空白部分稍微突起，形成印刷物的表面有不明显的不平整度，这是凸版印刷物的特点（图8–8）。

凸版印版主要有：铜版、锌版、感光性树脂凸版、塑料版、木版等。现时感光性树脂凸版占主导地位。

凸版的优点主要是：油墨浓厚、印文清晰、色调鲜明、字体及线条清晰，油墨表现力强。缺点是铅字笔画易断，油墨深浅不易控制，不适合大版面、大批量印刷，彩色印刷价高。

凸版的应用范围：名片、信封、请柬、表格等，是油墨表现力最强的版种（图8–9）。

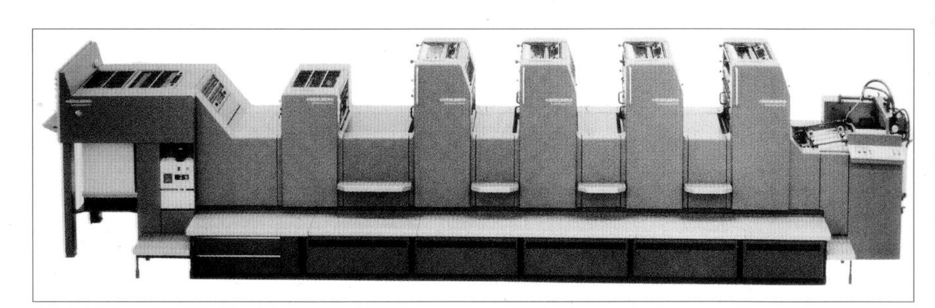

图8–6

图8–7

图8–8

图8–9

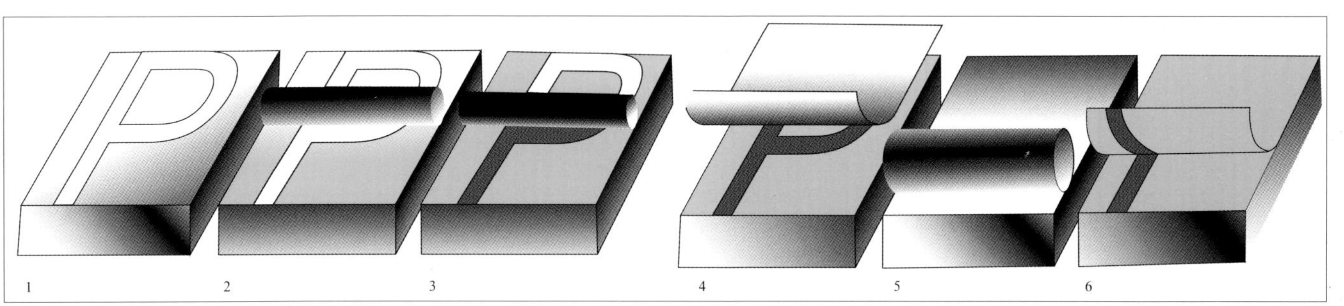

图 8–10

1 印刷版面
2 经水辊后，非印纹吸收水分
3 再经墨辊，印纹附上油墨
4 加上纸张
5 加以压力
6 印刷完成

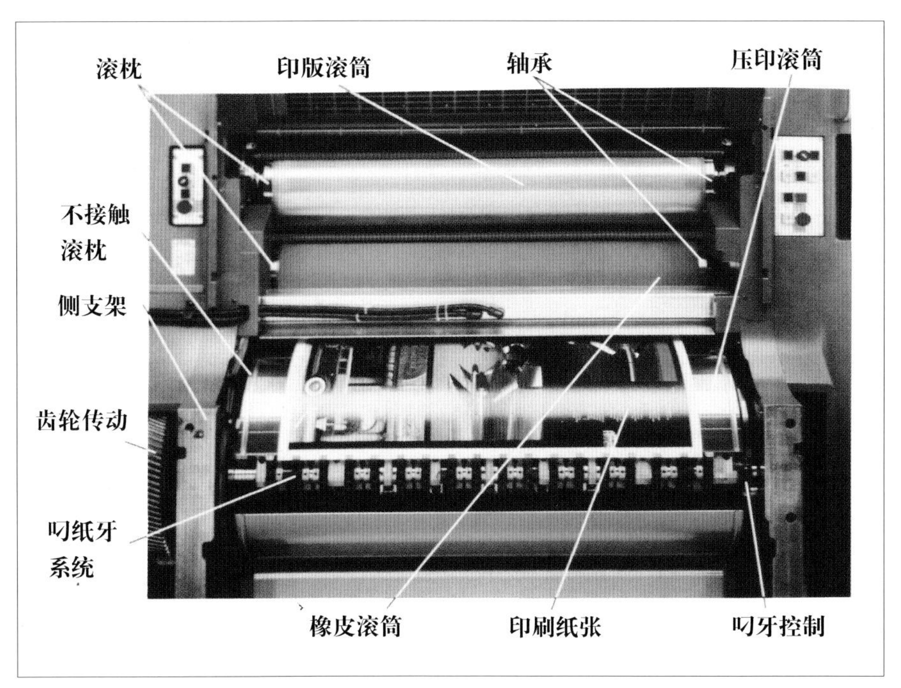

图 8–11

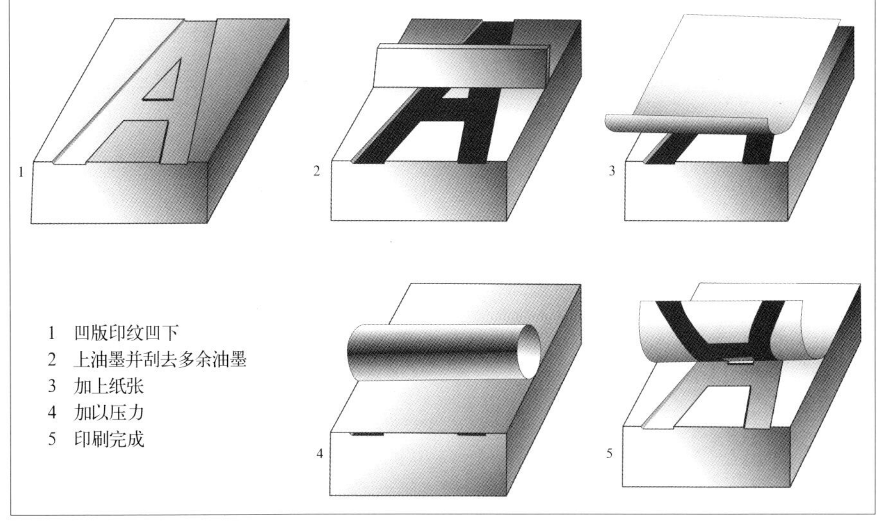

1 凹版印纹凹下
2 上油墨并刮去多余油墨
3 加上纸张
4 加以压力
5 印刷完成

图 8–12

2. 平版印刷（胶印）

平版印刷在印版方面，印纹部分与空白部分没有明显高低之分，几乎是同一平面上。感光印纹部分或转移方式具有亲油性，空白中部分通过化学处理具有亲水性。利用油水相斥的原理，现代平版印刷先将图文印在胶皮筒上，再转印到纸上着墨，这种方式属于间接式印刷（图 8–10、8–11）。

平版印刷的特点是：印纹边缘淡，中央深，由于是间接印刷，因而色调浅淡，它在四大印刷中色度最淡。

平版印刷的优点是制版简便，复制容易，成本低，套色准确，层次丰富。适合彩色图版印刷，并可以承印大数量的印刷品。缺点是色调再现较低，着墨量薄，油墨表现力较弱，通常使用红、黄、蓝、黑四个色版进行套印。

应用范围常用于印刷报纸、书籍刊物、画册、宣传画、挂历、地图等。

3. 凹版印刷

凹版印刷的印版，印刷部分低于空白部分，而凹陷程度是随图像的层次而表达出不同的深浅，印纹层次越暗，其深度越深。空白部分则在同一平面上。它是通过压力把凹陷于版面以下的油墨印纹印在纸上（图 8–12）。

凹版印刷的特点是墨色表现力强，虽

1 丝绸蒙在框架上
2 将非印纹部分遮盖
3 将网架放在印件上
4 用刮板将油墨刮过
5 印纹使转移到纸上

图 8–13

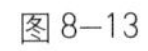

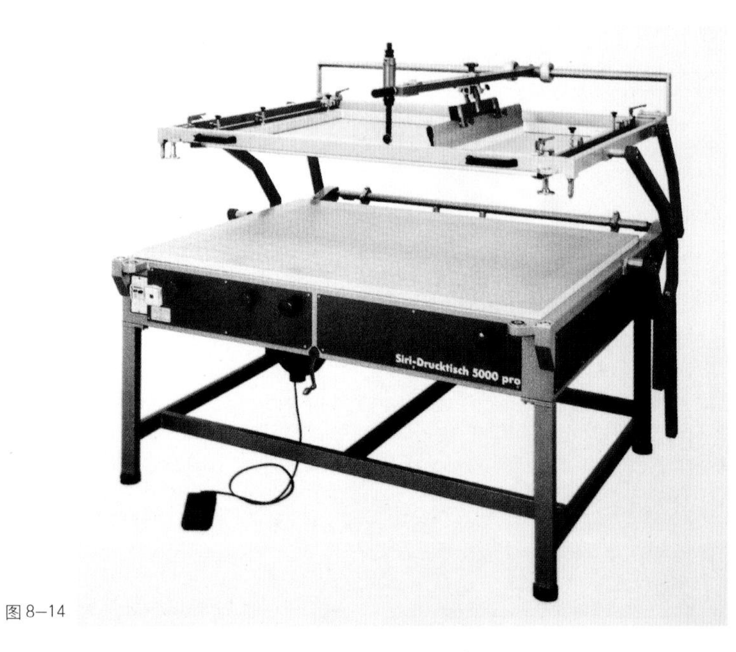

图 8–14

印纹边缘发毛，但印纹富有立体厚度感。

凹版印刷的优点是色调丰富，图像细腻，版面耐压性强，印数大，适合于单色图像印刷，能满足特殊要求印刷。缺点是制版工艺复杂并难以控制。制版印刷费高昂，不适合印量小的印刷品。

应用范围常用于钞票、有价证券、邮票等一些特殊要求印刷。

4.孔版印刷

孔版印刷又称丝网印刷，它的印刷部分是由孔洞组成。油墨通过孔洞移印到承印物上形成所需印痕，非孔洞部分则不能通过油墨。丝网按材料分为绢网、尼龙丝网、涤纶丝网、不锈钢丝网。誊写版印刷是最常见的一种孔版印刷基本方法（图 8–13）。

孔版印刷早期是手工刻画制版印在手工艺品上，现在已发展为自动化印刷。在制版方面已利用照相制版方法制成印版，最适合印制特殊效果印件。可印在任何材质上，如：花布、塑料、金属、玻璃等材质，也可印制在曲面的圆形及不规则的立体形版面上（图 8–14）。

孔版印刷的优点是油墨浓厚，色调艳丽，可应用任何材质印制及所有立体形面印刷。

孔版印刷的缺点是印刷速度慢，生产量低，不适合大量印刷物印制。

第三节　印刷工艺与油墨

油墨是印刷用的着色料。是一种由颜料微粒均匀地分散在连接料中，具有一定黏性的流体物质。油墨的种类繁多，可按各种方法分类。

1. 按印刷方式可分为凸版、平版、凹版、照相凹版、丝网版等用的油墨。

2. 按承印物可分为纸张、金属、塑料、布料等用的油墨。

3. 按油墨功能特性可分为磁性油墨、防伪造油墨、发泡油墨、芳香油墨、记录性油墨等。

4. 按油墨原料性成分可分为干性油型、树脂油型、有机溶剂型、水性型、石蜡型、乙醇型等。

5. 按形态可分为胶状、液体、粉状油墨。

6. 按油墨的用途可分为新闻油墨、书籍油墨、包装油墨、建材油墨、商标用油墨等。

7. 特殊功能油墨可分为金银色油墨、

荧光油墨、磁性油墨、微胶囊油墨、防伪油墨、导电油墨、复写油墨、食用油墨等。

由于印刷油墨种类繁多，因而在印刷使用时，要根据印刷的不同方式选择不同类型的油墨。如设计中要达到特殊效果，可使用荧光油墨。食品包装印刷一定要使用食用油墨才能符合国家卫生标准等。

第四节　印刷制版工艺

一、制版分类

印前处理图文必须制作成印版后才能到印刷机进行印刷。这一过程叫制版，制版方式主要分为凸版制版、平版制版、凹版制版、孔版制版四大种类。

1. 凸版制版分为铜锌凸版、感光性树脂凸版、铅版、塑料版、电子雕刻凸版等。

2. 平版制版常用的有PS版、平凹版、蛋白版、多层金属版等。

3. 凹版制版可分为照相凹版制版、雕刻凹版制版、复制凹版制版等。

4. 孔版制版分为誊写版制版、丝网印版制版。

5. 计算机直接制版（CTP）（图8–15）。

这种系统制版不经制作软片、晒版等中间工序，直接把印前处理系统编辑、拼排好的版面信息，通过激光扫描方式，直接在印版上成像形成印版。直接制版技术实现了传统工艺中的电分扫描输出，拼版、拷贝及晒版等处理，大大简化制版工艺，加快制版速度，是制版技术一个新的里程碑。

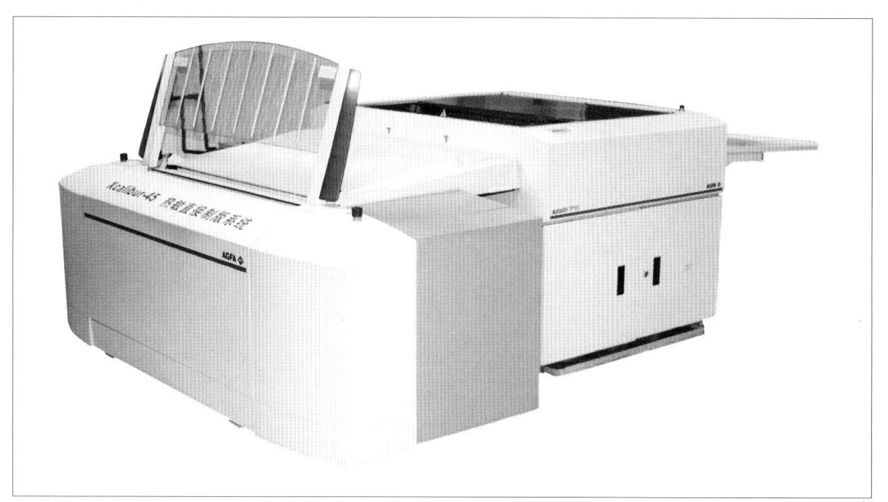

图 8–15

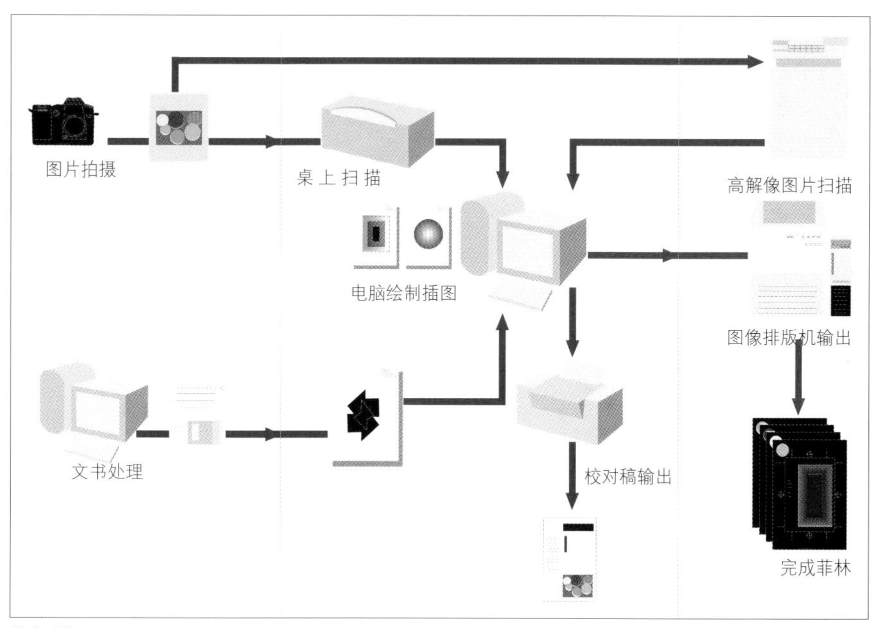

图 8–16

二、印前图文信息处理

1. 四色桌面出版系统工艺流程

四色出版系统（CCTP）的工艺流程，首先通过计算机键盘输入文字信息，利用平台或滚筒式图像扫描仪输入图像信息，或通过磁盘、光盘等媒体及局域网（LAN）等通信网络从其他系统直接获取数字化的文字或图像信息，然后在微电脑或计算机工作站上，运用图形设计软件，图像处理软件和版面制作软件对原稿信息进行图形图像处理，图文组版、分色处理和信息存储处理。最后通过光栅图像处理器，由激光印字机、激光照排机（CTP）等将完整的页面图文信息记录在纸面或软片上（图 8–16）。

2. 四色印刷是用四种基本色

黄（Y）、洋红（M）、青蓝（C）及黑（B），在实际工作中通过四色重叠产生千变万化的色彩、色调，可真实地重现和复原原稿，遇文字、图形、纹样需用彩色来表现，采用以上手法（图8–17、8–18）。

金、银及荧光色是属专色，必须另加色印刷。

3. 四色桌面出版系统主要设备

四色桌面出版系统主要由输入设备、图文处理设备、图文输出设备三个部分组成。

（1）输入设备

四色桌面输入设备是将彩色图像输入到彩色单面系统中进行各种处理的设备。主要有以下四类：

①彩色扫描仪它的用途是把彩色照片、彩色底片和幻灯片等媒体上的图像输入到桌面系统中，这种设备按照素描方式不同分为平板式扫描仪和滚筒式扫描仪两种。一般滚筒式扫描仪档次较高，价格昂贵，是专业扫描仪。但平板式扫描仪也有档次较高的产品（图8–19、8–20）。

②摄像机、录像机、电视接收机的功用是把动态的影视彩色图像信息输入到四色桌面系统中，它是通过视频图像采集卡把摄像机摄取的图像、录像机放映的图像或电视机接收的图像输入到四色桌面系统中。利用这种输入图像信号的缺点是分辨率不高，仅可满足在特殊情况下要求不高的出版印刷需要（图8–21）。

③数码照相机。它是由普通照相机机身与数码照相机两部分组成，用一种专用磁盘代替普通照相机胶卷，可把拍摄的图像直接以数码形式记录在磁盘上，这种相机不用胶卷，一次可以记录数幅彩色图像，并可根据拍摄的图像分辨率进行高低调节，它用一根计算机的信号电缆线与桌面系统的图像接收设备相连，即可把它拍摄的图像输入桌面系统中，经软件处理后使用，它输入速度快，质量较好，是一种理想的图像输入设备（图8–22）。

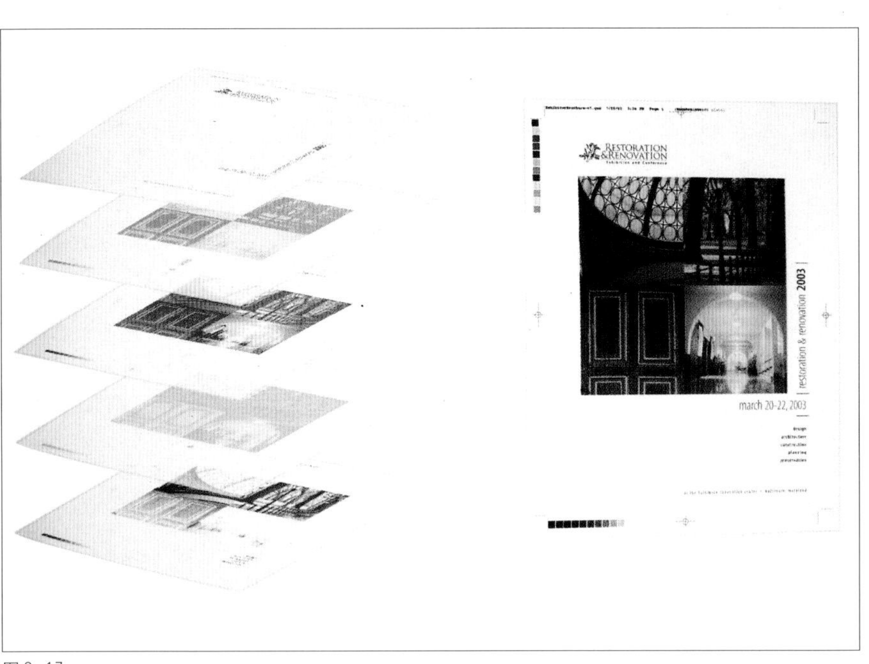

图8–17

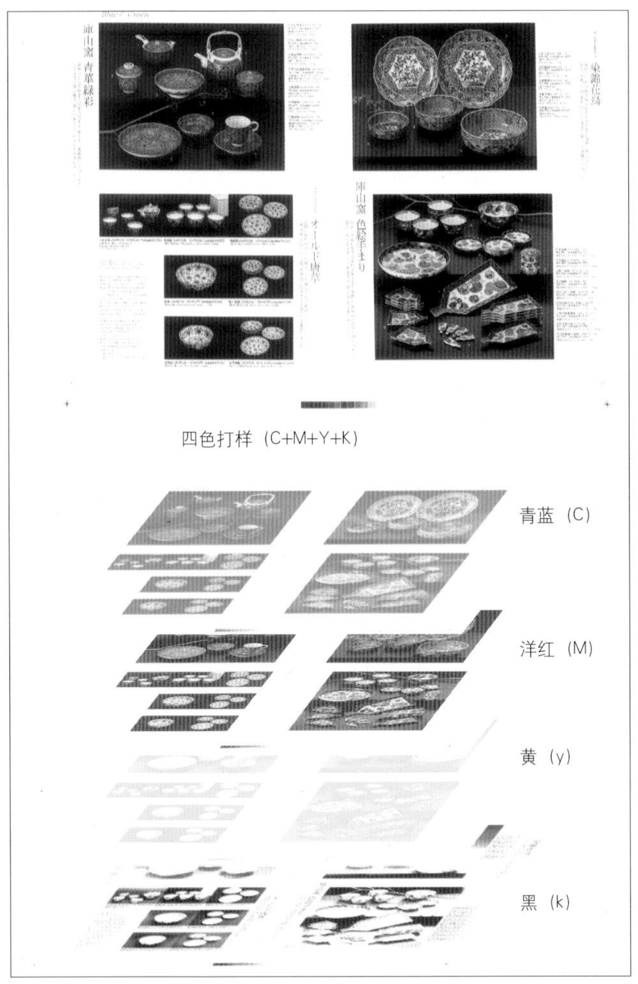

图8–18

图 8—19

图 8—20

图 8—21

图 8—22

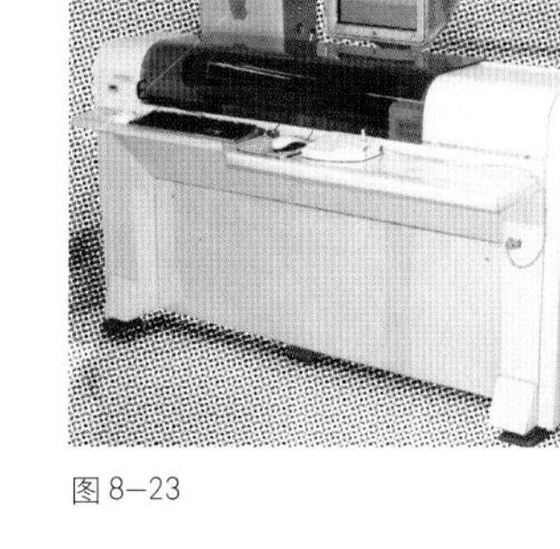

图 8—23

图 8—24

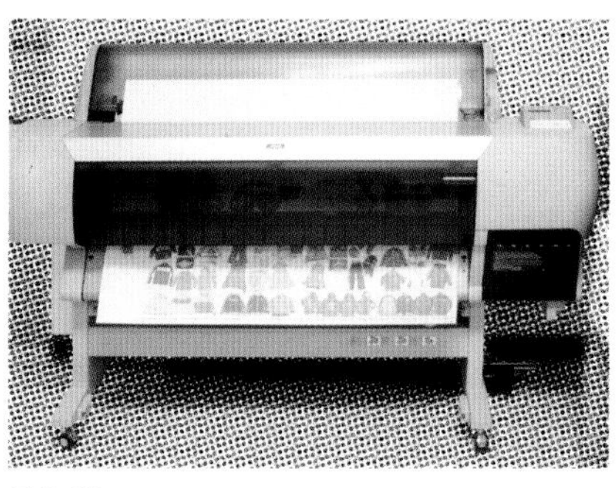

图 8—25

图 8—26

④电子分色机。电子分色机可把电分机扫描的图像信号输入到桌面系统中，是一种高质量、高档次的彩色图像输入设备，它的特点是速度快，质量高，输入图像尺寸大，由于利用计算机图像处理功能，使输入图像的亮度、反差、色相、饱和度、颜色标准、灰平衡、层次标准、细微层次加强，底色去除，颜色加强在扫描处理中完成（图 8—23）。

（2）图文处理设备

处理设备主要是指彩色桌面系统的核心和中枢主机和系统。它指挥和协调外围设备的工作，并对各外围设备的信息进行信息反馈运算处理，因而对工作站的性能、速度和储存量提出很高的要求。苹果公司 Macintosh 个人计算机和 IBMPC个人计算机在桌面系统中得到广泛应用。尤其是Macintosh 机应用于桌面设计更普遍（图 8—24）。

(3)图文输出设备

输出设备是桌面系统把经过扫描输入，由图像工作站处理后而形成的电子文档转换成模拟形式的样张，供校对和制版用。电子文档在正式输出分色软片之前，必须进行打样，经核对合格后，输出正式分色软片。传统打样成本高，制作周期长，无法适应彩色桌面系统高效、快节奏的要求。现阶段常用的彩色打样机有热转印式、热升华式和喷墨式三种，但传统打样对一些色彩要求高的画册类书籍还是较为有保障（图 8—25）。

三、桌面出版系统的常用软件

计算机硬件部分只有配置相应的软件才可以完成图像、图形、文字印前处理工作，现在常用的印前处理系统软件通

7.5 网线

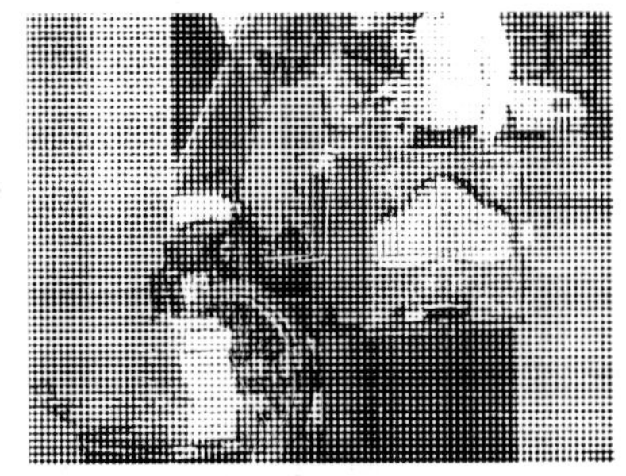
15 网线

30 网线

65 网线

85 网线

100 网线

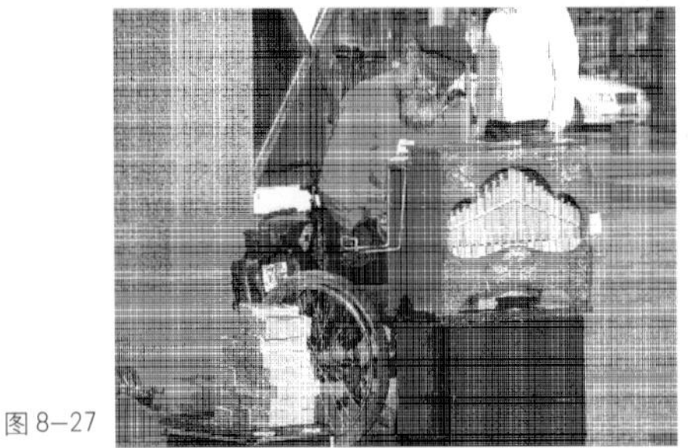
120 网线

133 网线

图 8—27

常被分为三类（图 8—26）。

1.彩色绘图软件

主要用于彩色线条原稿的制作及复制处理，常用的有 Adobe 公司的 Illustrator 软件和Freehand软件，利用这些软件功能可以输入并编辑文字和图形信息。

2.彩色图像编辑软件

主要用于原稿复制处理，常用Adobe公司的Photoshop 软件。它可利用扫描彩色连续图像进行标色、层次调整、图像处理编辑等一系列图像处理工作。

3.彩色排版软件

主要用于文字、图像的编辑、排版处理，常用有 Adobe 公司的 Pagemaker 软件及 Quark 公司的 QuarkXpress 软件。它的作用是可以完成精确复杂的版面设计工作。

四、制版技术应用的网点及网屏

印刷图片成品是由大小不同黑色网点组成。它与原照片不同，是用网点方式构成深浅层次阶调的图片方式。这种"挂网"是印刷工艺的需要，网点按百分比计，由0~100%，分点级体现图像制成品的深浅。制版挂网用的网点又称为网屏，网屏的种类很多，除普通网屏外，还有特殊网屏。网屏线数又有 30 线至 400 线多种。印出的成品效果越细腻，网线越高。网线体的网点大小粗细影响到图像层次的清晰度，线数的使用与印刷的纸张有密切的关系。如用新闻纸印刷，用 80 线的网线就可以达到图像基本阶调再现。用胶版纸印刷使用100线也就够了。精美的画册用纸多为铜版纸或亚粉纸，采用的网线数通常为 175 线。用 200 线至230线则必须有表面细滑的纸张配合。反之则会产生"糊版"。因此网线数的确定，应根据用纸的档次予以区别（图 8—27）。

第五节　印刷工艺与印纸

印纸是以植物纤维为主要原料制成的薄片物质，随着科学技术的不断进步，现代纸的含义已经扩展到更大的范围。就原料而言，有植物纤维，如木材、草类；矿物质纤维，如石棉、玻璃丝；其他纤维，如尼龙、金属丝等。此外，还有用石油裂解得到的高分子单体制成的合成纸。尽管如此，目前用于书写、印刷、包装的纸仍主要以植物纤维为主要原料制成，弄清楚这类纸的组成及其作用对于认识其性能及印刷适性是十分必要的。

印纸是书籍印刷最主要的印刷媒材。纸张等级并非完全代表印刷成品优劣，如何发挥纸材特有的特质，使印刷成品趋于完美，才是用纸的正确观念。如果经费有限无法采用高价位的高级纸张，则不妨选择等级较低的其他产品。其实许多优秀的印刷品是产自低级的纸材，高级纸材未必是印刷品质的保证，最低成本做出最佳的品质才是成功之道。

一、纸张的重量与厚度

纸张的厚薄分类，主要是依据纸张的基本重量来定义。基本重量又可分为令重与基重两种。我们把500张标准全开纸称为一令，一令纸的重量称为令重。单位为千克／令，同一尺寸的纸张其令重越大，即表示纸张越厚；令重越小即表示纸张越薄。使用"令重"时一定要注明其纸张基本尺寸，由于每种纸的标准全开纸是大小不一，若不加以注明即使令重相同的两类纸，也无法区别其纸张的厚度。另外，基重是以每平方米单一纸张所称得的克数为其计算纸张厚度的基准，单位为：克／米^2；基重与纸张基本尺寸无关，只要基重相同，即表示该同种纸类的厚度是一样。目前国际倾向采用基重为纸张的重量单位。

纸的规格与印刷的关系十分密切。纸的尺寸大小必须与印刷机相匹配。现今我国国家标准规定，新闻纸、印刷纸、书皮纸等的尺寸，平板纸（宽度×长度）为787mm×1092mm，850mm×1168mm，690mm×960mm，880mm×1092mm等。此外，近年来又增加了880mm×1230mm，889mm×1194mm，这是国际通用的平板纸尺寸。但实际印刷使用较多的平板纸尺寸是如下4种：即787mm×1092mm（正度）；850mm×1168mm（大规格）；880mm×1230mm（特规格）；889mm×1194mm（大度）。

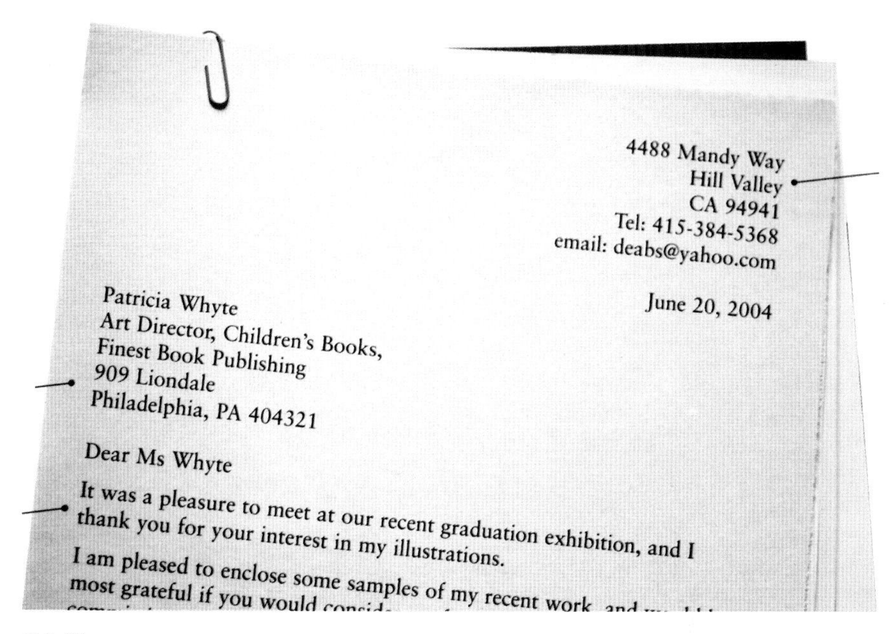

图8–28

二、纸的种类

纸材的种类、尺寸、重量与厚度等规格种类繁杂。对设计新手而言的确会造成许多认识的混乱，以下主要论述的都是目前市面上通用且供应稳定的印刷用纸材。纸张在制作时为了满足各方面的需要，所以市面上的纸张种类繁多，很难将其单独分类。以下就几种常用的纸类加以说明。

1.事务用纸类

事务用纸的价格一般较其他纸类低廉，但质地坚实。具备耐用、耐擦、吸墨性强、抗曲卷性高的特点，其纸面光洁平滑，普遍用于办公室事务，适合影印机、喷墨印表机、镭射印表机的复印、列印等拷贝作业或快速印刷（图8–28）。

2.书写用纸类

书写用纸是属于等级较高的事务用纸类，是事务用纸类中厚度最高，加上其纸浆内含较多百分比的棉质长纤维，所以纸质坚实、安定、耐久而不变质，外观精美，适宜有细腻图文的文件印刷。书写用纸类的表层处理方式多样，有光滑、纹理、粗糙、织纹等，纸色则有纯白、象牙白、灰白等多种选择。擅长于表现典雅、高贵的印刷品气质，是设计师在制作高档书籍、视觉识别系统的事务性用品。书写用纸类常有浮水印记，用以标示纸张之上下（天地）、正反方向，在印刷时标示纸张方向的正确依据。

所有书写纸在生产过程中都受到严格的品质监控，因此具有稳定且优良的品质，很适合精致的印刷。但此类纸有多种表层纹路，有光滑、纹理、粗糙、织纹等，如果高网线数图文层次精致的四色印刷，尽可能选用表面洁滑的纸质。表层具有纹理的纸张在印刷时无可避免地会产生缺陷。如纸经过印刷机的每个单元时，因所需较大的滚筒压力，所以很容易

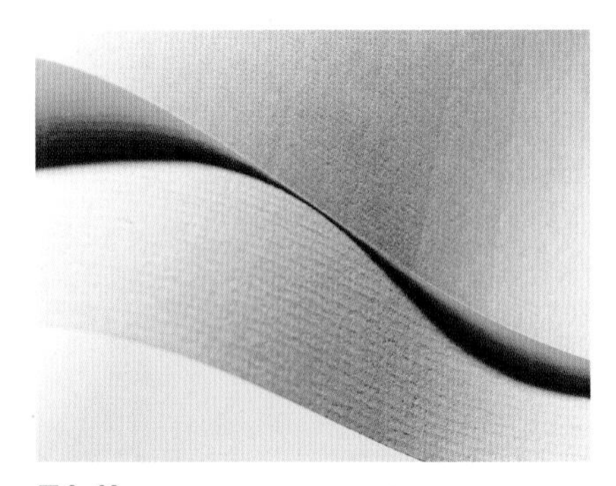

图8–29

产生纸张变形，造成纸张对位不准。织纹纸是以水平与垂直的线纹交叉形成，可以分散过大的滚筒压力，虽不如光滑纸面平顺，而且也具有吸墨特性，但它却不容易产生纸张变形而造成对位不准的缺点。书写纸除了白色外，尚有象牙白、淡灰等其他底色，这些底色多少会干扰油墨色泽，此时可以要求制版公司按你选定的印纸打样预检其色泽。这是设计者须注意的问题（图8–29）。

3.模造纸类

模造纸类属于碱性法制成的高级印刷与书写用纸，可保存百年以上，白洁度高且印刷优良清晰，适合印刷书籍杂志、高档印刷品。模造纸类表层纹理与底色和书写纸类同，选择的样式繁多。

三、平版印刷用纸与印书用纸

这两种纸从外观或印刷性质都十分相似。常用的印书用纸全纸为正度（787mm × 1092mm）、大度（889mm × 1194mm）开本，有足够的图文编排与裁切空间，非常适合印刷书籍。纸纹也有多样选择性，从较粗糙至表面光滑皆有。这种纸张大多是非涂布纸，所以稍微会产生网点扩散现象，并不适合高网线的精度印刷，最佳网线为120线至150线之间，

	货号	颜色	克重	纸张尺寸（mm）
	F911–150	普兰特1.8	80	889 × 1194
	F911–155	普兰特1.8	100	889 × 1194
	F911–126	普兰特1.5	70	889 × 1194
	F911–130	普兰特1.5	80	787 × 1092
	F911–003	普兰特1.5	100	787 × 1092
	F911–165	普兰特1.8	150	889 × 1194
	F912–020 F912–021	纯质纸	115	787 × 1092 889 × 1194
	F912–025 F912–026	纯质纸	150	787 × 1092 889 × 1194
	F912–036	纯质纸	200	889 × 1194
	F912–030 F912–031	纯质纸	240	787 × 1092 889 × 1194
	F910–102 F910–105	林克斯	115	720 × 1020 889 × 1194
	F910–135	林克斯	150	889 × 1194
	F910–205	林克斯	200	889 × 1194
	F910–212 F910–215	林克斯	240	787 × 1092 889 × 1194
	F910–302 F910–305	林克斯	300	720 × 1020 889 × 1194

图8–30

最常用的网线数则是133线（图8–30）。

平版印刷用纸与印书用纸的价格等级很多，纸张的选择应与印刷方式配合，并非价格越高的印纸一定保证有最佳结果，充分发挥每种纸的特色才是最佳的选择；价格最低的纸专供黑白或单色印刷；套色与网版印刷等适合采用中间价格的纸张；高级的书籍则选用高价格的纸张。印书用纸有各种不同克数的规格，两面均可印刷。克数低的纸适合内文印刷用纸，克数高的纸则适合封面印刷用纸。平版印刷用纸一定是最适合平版印刷，因平版印刷术是利用油与水互相容原理来印刷，因此印纸必须禁得起湿气，且不容易伸缩变形。又因为平版印刷术是间接印刷，对纸张的平滑度要求颇高。大部分的印书用纸都适合平版印刷。

四、非涂布纸类与涂布纸类印刷

非涂布纸类是由化学纸浆与机械纸浆按不同性质需求及不同比例混合填料而制成，纸张表面没有经过涂布处理，其纸张特性与涂布纸张完全不一样，所以

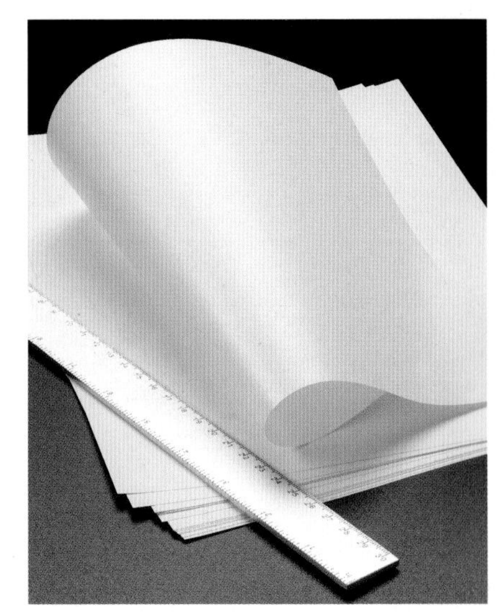

图8–31

图8–32

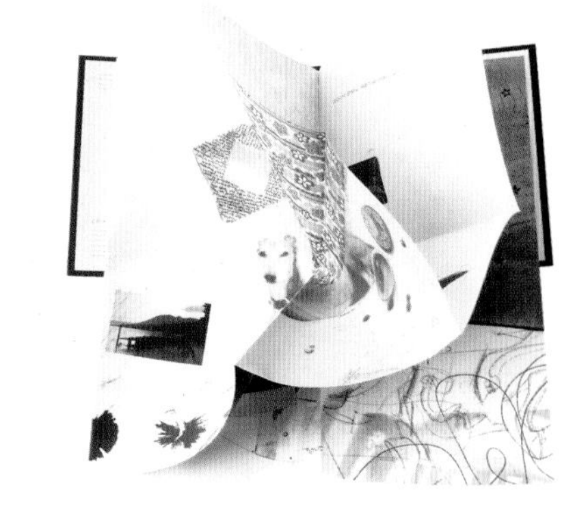

图8–33

在印刷过程中，考虑滚筒压力轻重也不尽相同。最明显的一点就是非涂布纸类需要较长油墨干燥时间，这是因为非涂布纸张表面层较粗糙，因而吸墨量较多，待其干透较费时间。而尚未完全干透的油墨在印另一面纸会粘在压力滚筒上，造成印反面时污染破坏整个画面，这样不但浪费时间也影响整个制作成本。

涂布纸又称铜版纸、单面涂布纸、双面涂布纸等。均具有光亮平滑表面，适合表现鲜艳且层次细腻的印刷效果，常用于精美书籍、画册、日历等印刷。

涂布纸类吸墨速度快，而印刷留下涂布层上的色料，在短短的几分钟内就能够用手触摸而不粘手。因为涂布纸有这样的特性，即它的油墨膜层比非涂布纸需要的油墨膜层更薄，但其色彩表现都更饱满艳丽。由于油墨干燥减少许多等待时间，只要连续几个小时工作就能全部完成。

涂布纸的分级主要是以涂布的分量与压光的程度为依据，可分为四级。特级、高级、一级和二级，等级越高加工越细、价格越高（图8–31）。

整个印刷设计中的纸张选用是一个决定完成品优劣的重要因素，假如纸张选用错误，即使创意再完美，也是一件遗憾的作品。从参与、学习印刷用纸的过程中，以增强自己的知识面，建立良好的审美观念，应本着以人为本的原则从事设计工作。但这并不意味永远都使用低档的纸张，应该针对设计的要求与有限的条件，应用你的专业素养，选用最恰当的用纸，才是真正好的设计者（图8–32、8–33）。

第六节　书籍设计与装订工艺

装订是书籍印刷的最后一道工序。是书籍从配页到上封成形的整体合成过程。书籍在印刷完毕后，仍是半成品，只有将这些半成品用各种不同的方法连接起来，再采用不同的装帧方式，使书籍完成从书页先后顺序整理、连接、缝合、装背、上封面等加工程序。使书籍加工成牢固、美观，易于阅读、便于携带及保存收藏的目的（图8–34～8–36）。

一、东西方书籍的装订形式

我国书籍有着悠久的历史。当我们中华民族的祖先在大量使用竹简、帛书的时候，西方一些国家还在用泥砖、纸草和羊皮写字记录。直至我国发明了造纸术并通过阿拉伯国家传入欧洲为止。中国最早纸书的形式跟帛书一样是卷轴装，一部书有许多卷，外面用麻布或绸布包起来，每五卷或十卷包在一起叫做一“帙”。

卷轴装书，由三个主要部分组成，即卷、轴、带。以纸或缣帛作成的“卷”；用旋转便利舒卷的木质“轴”，两端以各种材料的轴头，是保护卷免于破裂。卷装纸书流行不久，由于阅读不方便，于是慢慢发展成了折本和旋风装的形式。它是把一张长方形的纸由左右折叠，再在其两面加上一块硬纸作为封面、封底。旋风装与经折装不同之处是将前后的封面、封底连成一张纸，使其首尾相连宛如旋风状，因此取名旋风装。但后来又发现这两种形式在翻动的时候容易产生拉破、撕裂的缺点，便把每页纸反折过来，将折粘贴在背纸上，就如蝴蝶伸开两只翅膀一样，这种装订形式的书籍叫蝴蝶装。是我国宋代非常盛行的一种形式。蝴蝶装虽然改进了翻书的缺点，但因书页反折而形成中间两页是空白影响阅读的连接性。于是人们便把书页背对背地折起来，用一张纸包住书背而

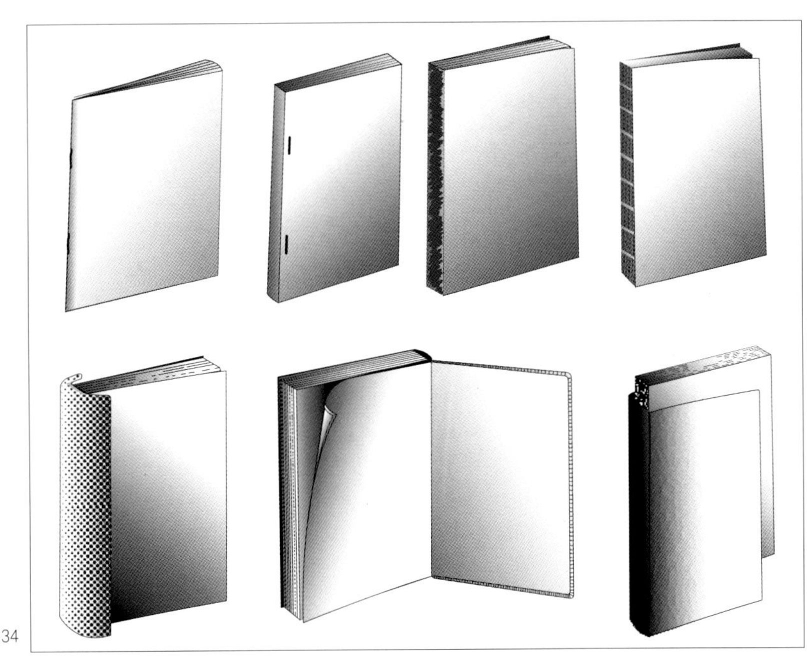

图8–34

图 8–35

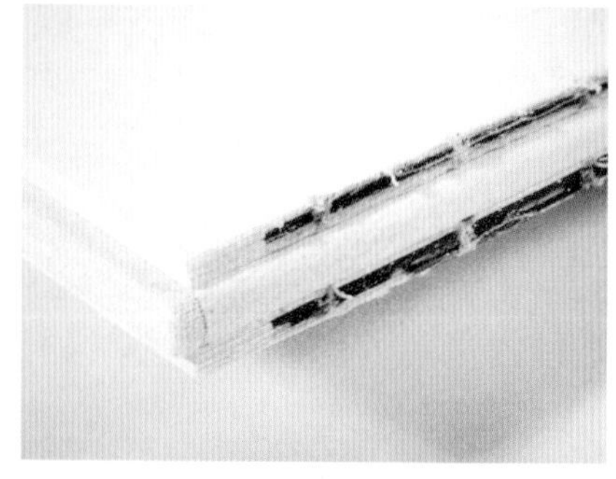

图 8–36

图 8–37

图 8–38

成包背装。但包背装存在着书页不牢固、费事的缺点。后来，把包背装的整张封面接前后两个单张封面、封底连同书芯一起打孔穿线装订成册。至此，中国书籍形式经过一段漫长的发展轨迹终于形成了册页的中式书籍形式。

我国书籍的册页装直到明朝中叶才完善起来，线装书的出现在我国书籍发展史上具有重大的意义。它是最早将书成册形成订口，用丝或麻线穿连成册，再用织物把木板或厚纸板包成硬质函套，用骨签将函锁住，从而形成精美的古籍线装书。时至今日，有些珍本书、古籍影印本及一些富有传统创意书籍的出版，仍在采用线装书的装订形式。

另外一条图书形式发展的轨迹又称西式书的装订形式。那是一百多年前，西方的印刷机传入我国之后，西式书籍的形式也渐渐成为我国书籍装订的主要形式。它分为平装书和精装书两种。

1.平装书

平装书为通常读本，其书芯外有一裹背的封面。由于生产工艺的逐步改进和消费水平的提高，对待平装书的看法也有改变。早年的"平装书"以"平订"、"骑马订"的方法装书，并以此为辨别的依据。这两种装订方法用的材料都是铁丝，容易生锈，影响书籍的美观与牢固，因此又有用线缝的。骑马订只能是薄薄的小册子，平订书的厚度也有一定的限制，并且不容易打开摊平，不便于阅读。现在，人们观念中的"平装书"，即凡不是硬壳封面的书都是平装书。即使是"索线订"、"无线订"，封面加"勒口"，书内加"环衬"的书（"简精装"书），也都视为平装书（图8–37）。

2.精装书

精装书是与平装书相对而言的，凡是书芯外有硬壳，封面带有顶头布的书都称为"精装书"。精装书的灵活性很大，有的硬封外加彩印的"护封"，有的还加上"腰带"、"书签带"，高档书还会加上"封套"。精装书的用料也较平装书讲究：用各种质地、肌理纸做精装书面料的称为"纸面精装"；用各种质地的纺织品做面料的称为"全织物精装"；如果书脊用织物或皮革，封面、封底用纸作面料，称之为"纸面布（皮）脊"，也称"半精装"；而供作礼品的"豪华本"、供收藏用的"特装本"，封面用料往往是锦缎或皮革。很多精装书还用电化铝、金分为四眼订、骑线订、太和式订、六眼坚角线订、龟甲式订、麻页订等（图8–38）。

二、装订工艺方式与种类

为了适应各种书籍不同的装帧要求，因此设计者必须先对装订方法有一定的了解，才能在封面设计及内页编排上作出合理的选择。常见的书籍装订方法为：索线胶订、骑马订、活页订、册页订及中国传统书籍装订方法线装等。

1.索线胶订

每帖书页中缝处穿线连接，把书帖按顺序连接成册，再将书芯与书背打毛施胶粘订。这种装订坚固耐用，书页不容易散落，便于翻开。一般常用于精装、平装及多页书籍的书芯装订（图8—39）。

2.骑马订

骑马订是用于书芯页折叠的中缝处，用金属铁丝订合成册。骑马订的书无书背。常用于薄的书籍装订。

3.活页订

活页订是用于书页装订处打孔，用胶夹、胶圈，爪订、丝带等合成册的，活页订常用于手册、挂历及活动性较强的印刷物装订。书籍偶尔可见（图8—40～8—42）。

4.册页订

册页订是把册页装为单页散装，再将印页裁切一致，按顺序排齐，外加包封即成。常用于小页大开本的画辑、教学范本及挂图（图8—43）。

5.线装

线装是中国传统书籍装订方法。线装的装订方法是打眼穿线订，但穿线形式有所不同。由于订线完全暴露在封面上，因此非常讲究形式美。这些形式的装订方法牢固，具有浓厚的传统特色。常用于古典著作、仿古书籍及书画册等。它根据打孔的位置不同，穿线的形式可分为

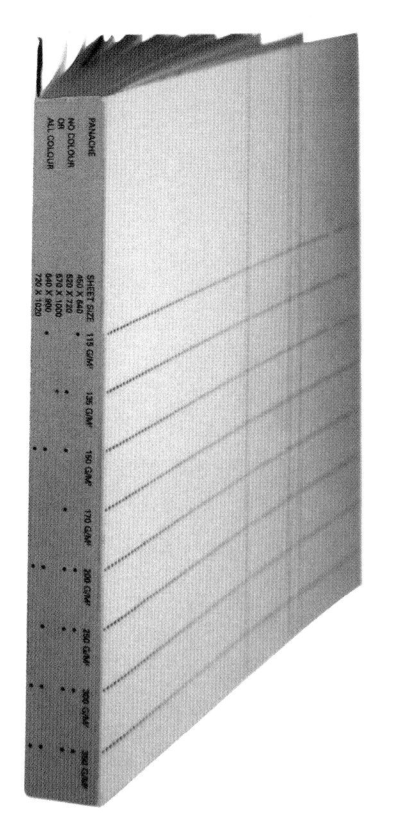

图8—39

图8—40

图8—41

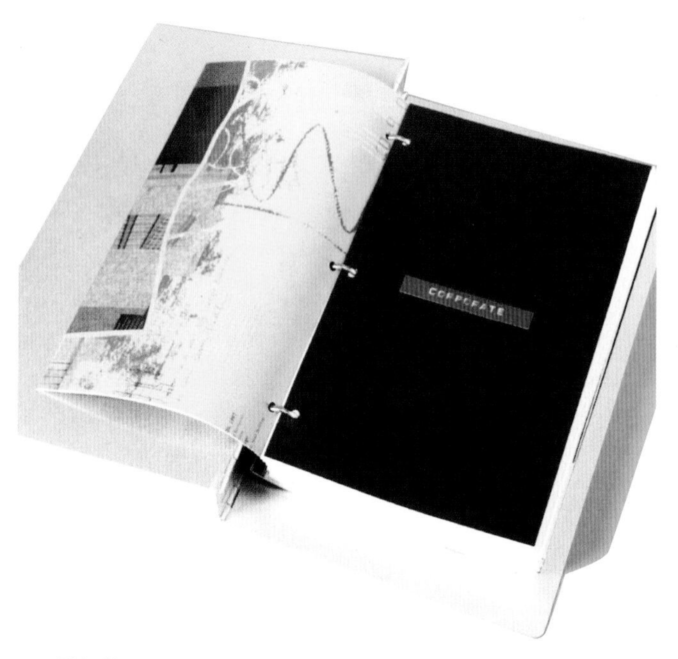

图 8–42

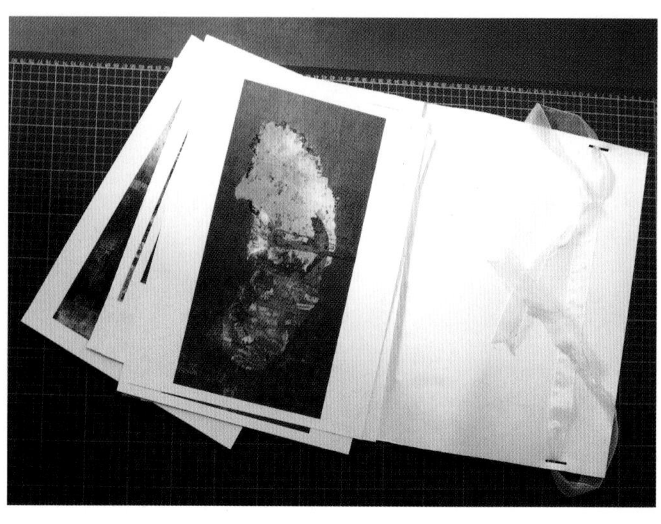

图 8–43

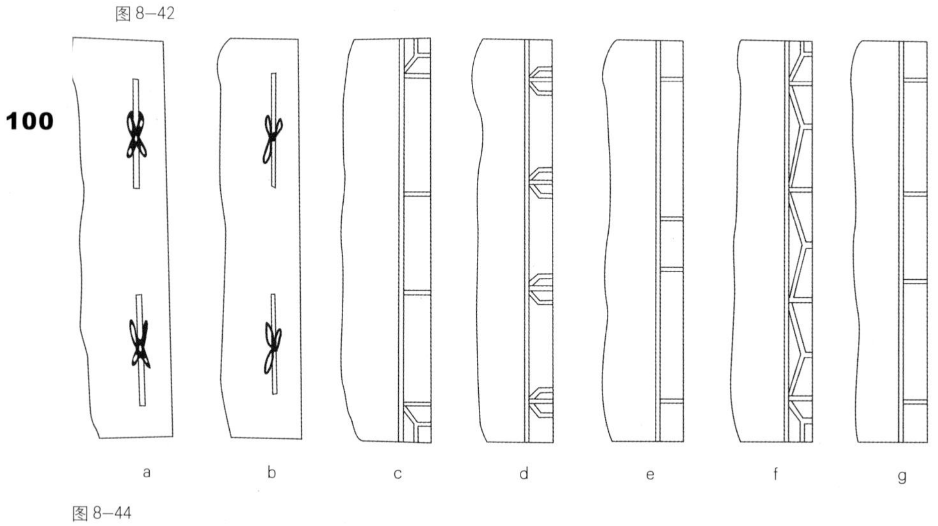

图 8–44

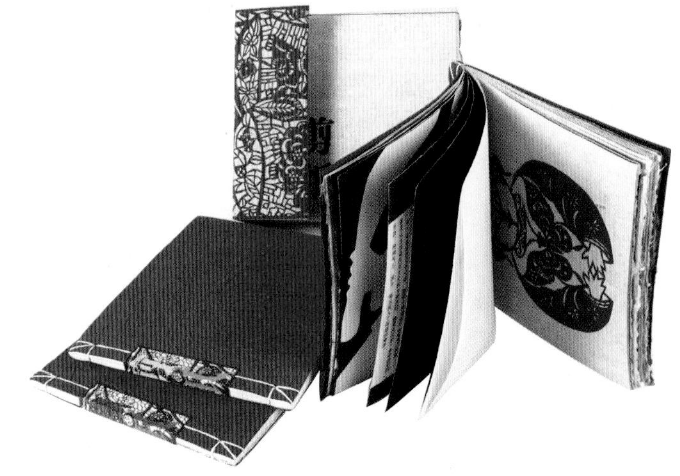

图 8–45

四眼订、骑线订、太和式订、六眼竖角线订、龟甲式订、麻页订等（图 8–44、8–45）。

三、组版与装订

1.组版

把已完成的每一页依印刷机的大小、纸张尺寸、装订方式、印刷方式等，拼贴成一张含于印刷尺寸的大印刷底片，以利制版、印刷、加工等后续工作称为组版。

设计者为了预先掌握每一页的正确落版位置，会先折叠缩小比例的纸张，再由上而下填写页码，摊开全纸就可知落版情形，我们称此缩小比例的纸张为"落版样本"。了解组版有助于决定不同的颜色页的分配，如一份16开画册，部分需要颜色，而另一部分需要单色黑白印刷，则可把四色印刷的页安排在印纸的同一面，需单色印刷的页安排在印纸的另一面，这样就可以减少许多成本与时间的浪费。如有些书籍的图片和文字

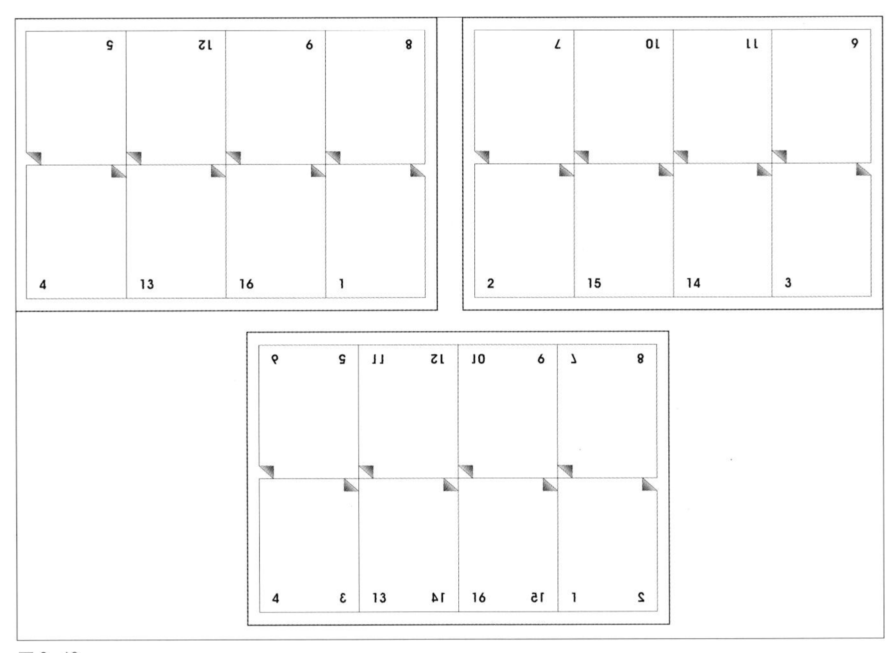

图 8–46

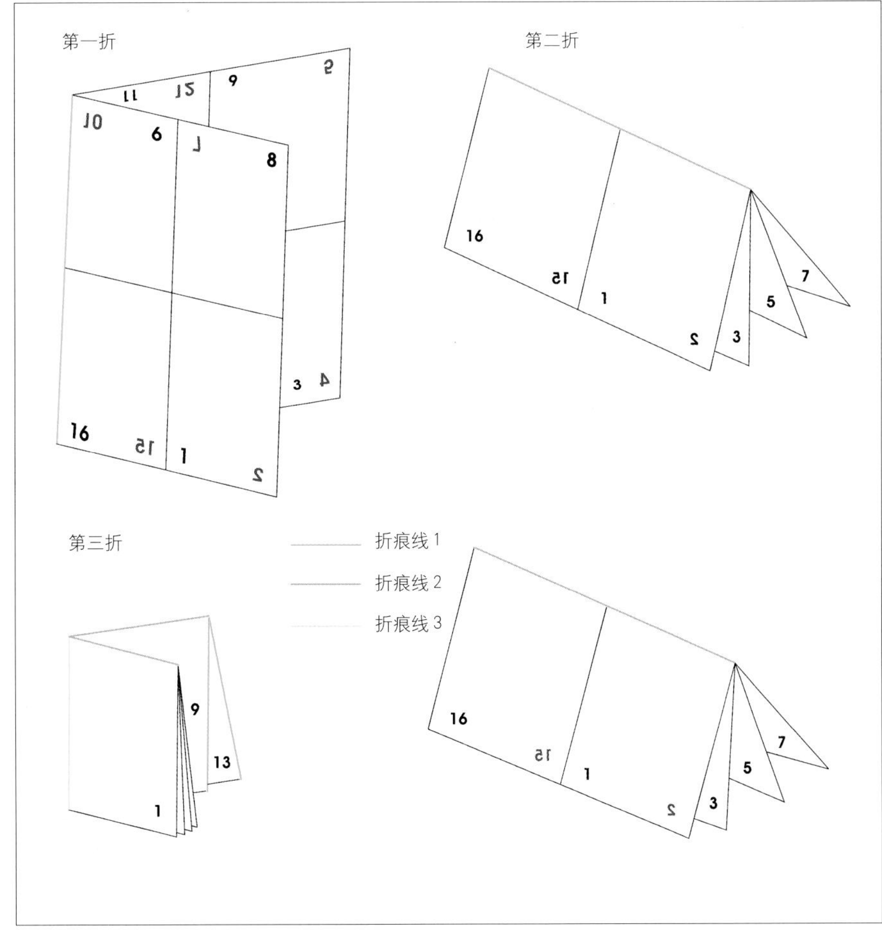

图 8–47

是公开的，或是某些页数要套色而其他页数不套色，在编辑设计时又如何分辨套色是哪几页，而不套色又是哪几页，这时，只要借助组版单即可分辨了（图 8–46、8–47）。

2.配帖

将一张纸经折页后成一帖。各种书籍，除单帖成册外，都必须经过配帖的过程才能成册。配帖方式有套帖式及配帖式两种：

套帖式——是将一个书帖按页码顺序套在另一个书帖上成为一册书芯，最后把书芯的封面底套在书芯的最外面，供订册成书。常用骑马订方式装订成册。

配帖式——是将各个书帖，按页码顺序一帖一帖地叠加在一起，成一册书籍的书芯，供订本后再包封面、底。这种方式常用于各种平装书籍、精装书籍粘订成册（图 8–48）。

书籍的装订还有许多附加部分，如书签带、腰带、护封、函套等。而这些附加部分是被看做保护书籍；提高书籍的档次的一种重要装订手段（图 8–49）。

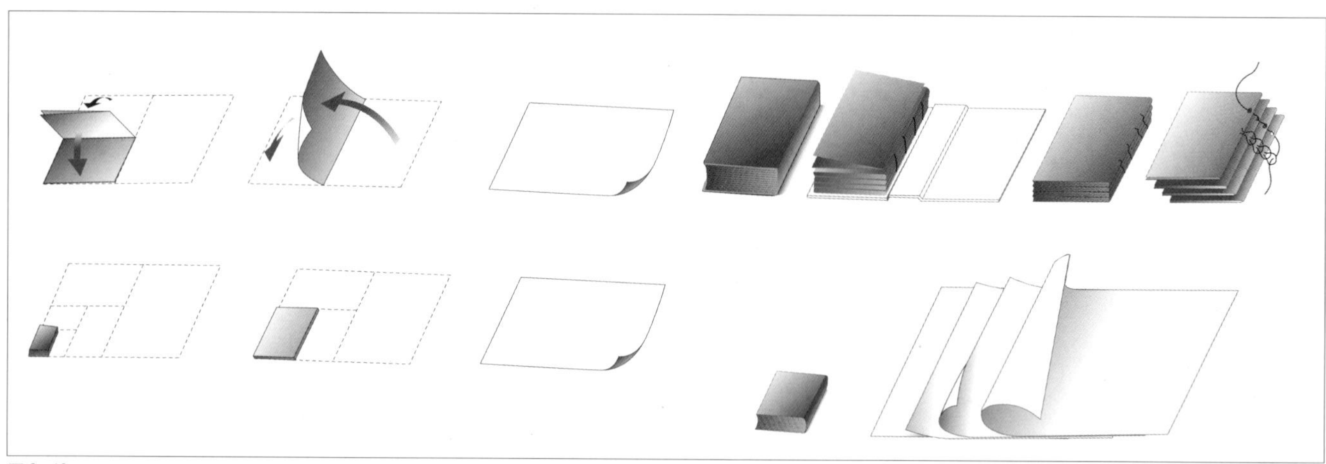

图 8–48

图 8–49

第七节　书籍的材质美感

随着科技的发展进步、大众文化生活水平的提高，读者不但要求出版品种多、内容新的好书，而且在书籍的装帧形式与工艺材质加工方面要求也更高。

熟悉材质的用途，了解材质的特性，学会选择和使用最为合理的质料，结合形成审美趣味，在今后的书籍装帧艺术的学习与创作过程中提高我们的设计质量，从而提高我们的生活质量。

书籍的函套、封面都是通过各种不同的精致造型加工而成的，特别是书籍封面的表面材料，选用了织品、皮革、涂塑料等粘制后，再用不同质地和颜色的烫印材料烫上各种文字、花纹图案等加以装饰，更显美观大方，富有艺术感，使书籍不仅

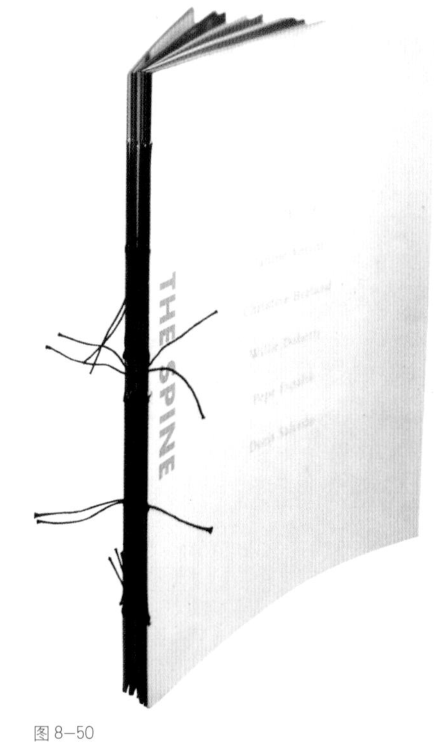

图 8–50

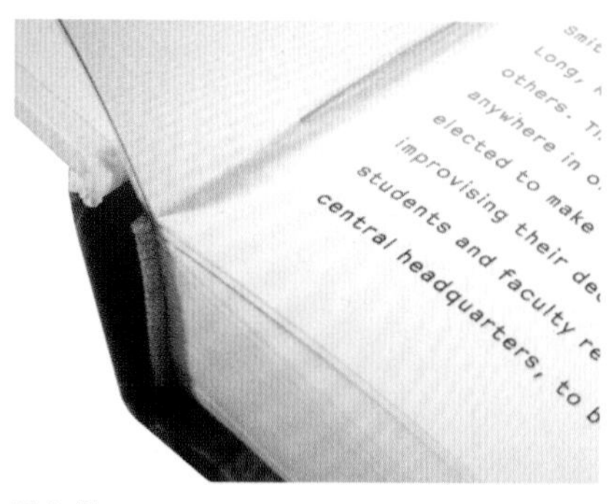

图 8–51

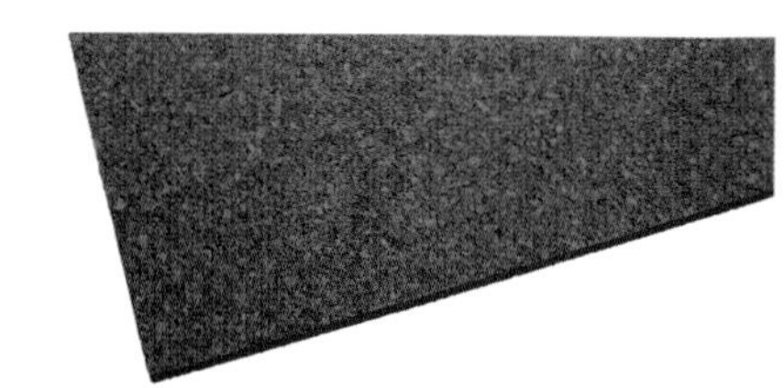

图 8–52

图 8–53

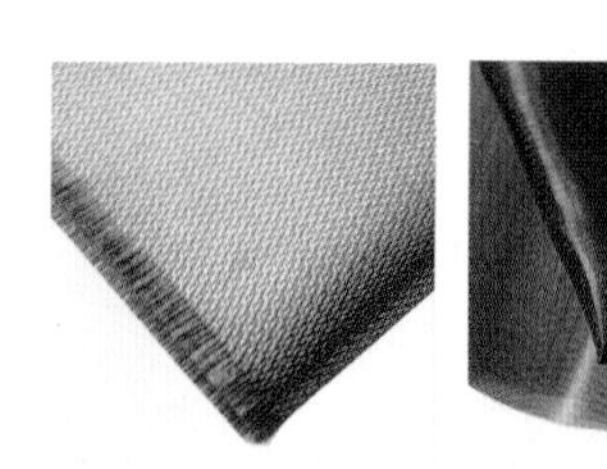

图 8–54

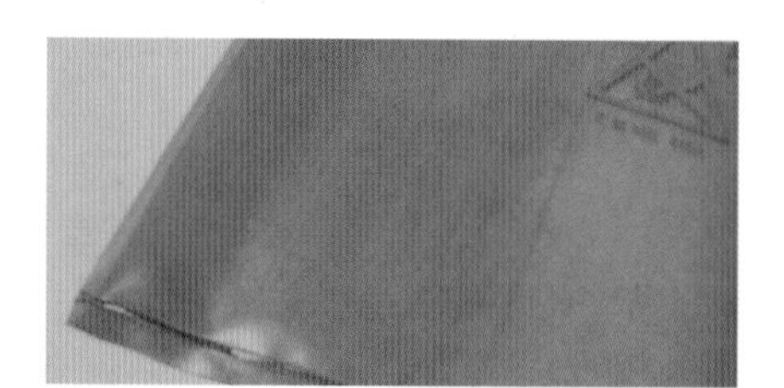

图 8–55

仅是具有阅读功能的物品，而且可以独立成为一种艺术品而存在。

书籍装帧在材质运用方面涉及的材料主要是订联材料，书芯装帧材料，函套、书封装帧材料。

一、订联材料

订联材料主要是锁书用线。书芯用连接线要根据书芯的帖数、厚度、纸质、品级等进行选用，不能随便乱用，以免造成装帧后效果不佳。常用的连接线大致有棉线、化学纤维、丝线、热熔线。以上连接线除丝线因材料来源困难，价格较贵而极少用外，其他都是比较常用的订联材料（图8–50）。

二、书芯装帧材料

书芯采用的装饰材料多为半成品书芯脊背用料，其主要作用是牢固书芯，装饰书籍外观。其种类主要有书背布（纱布）、书背纸张（牛皮纸或胶版纸）、堵头布与丝绳带、硬衬纸板、筒子纸（图8–51）。

三、函套、书封装帧材料

函套、书封装帧材料主要由三部分组成：纸板、表面软质材料、表面金属硬质材料、烫印材料、黏合材料。

1.纸板——每平方米重量在250克以上的纸制品称为纸板。纸板制作是由数层纤维膜经压合制成，是函套、书封的主要材料之一。常用精装书纸板的厚度为1.5mm～2.5mm，也有用1mm或3mm。主要种类有草纸板、灰纸板、灰白纸板、黄纸板、纤维纸板等（图8–52）。

2.表面软质材料——软质材料指粘裱在纸板上的软质封面材料。它包括织品、皮革、漆布、漆纸、塑涂纸、塑料等多种。织品作为封面材料，是我国书籍加工使用最早、最广泛的一种装帧材料。早在一千多年前当出现丝绸后，就有绵帛，随着科技的发展，材料种类不断增多，函套、封面的使用种类也在不断变革、改进。常用的织品面料有棉布、丝绸、化学纤维、涂布封面布料、涂漆纸料等（图8–53～8–55）。

3.表面金属硬质材料——金属硬质材料指通过螺钉固定、焊锡焊接加热变软等方法制作的函套、封面材料。它包括木材、金属板、塑料面料、陶瓷等。木材比金属和塑料的质地轻，加工容易，便于组装，是书籍函套、封面装帧较常见的材质。金属形态多样，线形、网状、板材非常丰富，但日常生活中较难加工。如果有工具，就变得较为简单。像铝板可以用螺钉固定，铜材料可以焊锡焊接。但这种装法不但需要运用好材料，且加工复杂、难度大，一般都需要手工制作完成。因而价格昂贵，不宜大量制作（图8–56～8–59）。

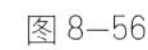

图8–56

图8–57

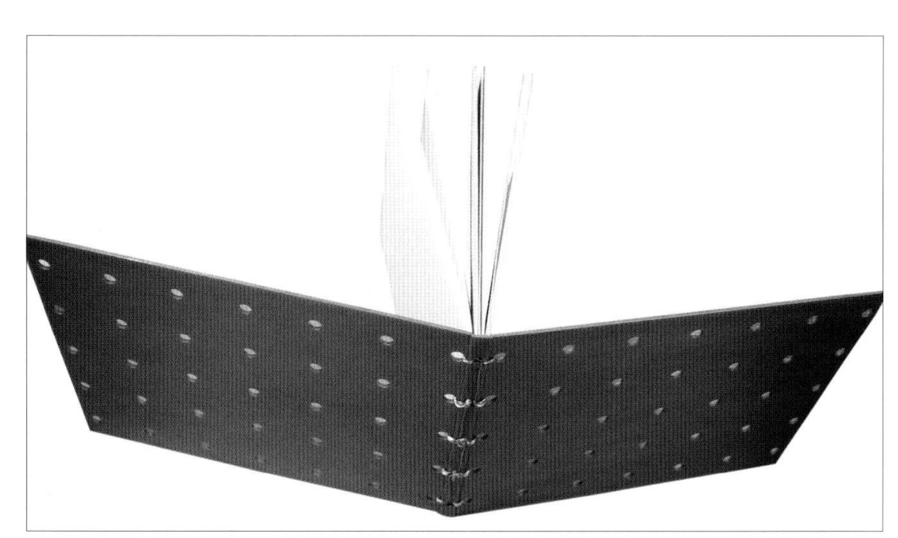

图8–58

图 8—59

图 8—63

图 8—60

图 8—61

图 8—62

4. 烫印材料——指在封面上用加热、加压方法烫印各种图形、文字的材料。它包括电化铝箔、色箔、色片、金属箔类等。

5. 黏合材料——书籍所用黏合剂的原材料来源较广，主要从动物、植物及人工合成而得，随着人工合成黏剂发展和使用，给材质黏合加工带来很多方便。常用的黏合材料有动物类胶剂中的骨胶、明胶、鱼胶；天然树脂类黏合剂的虫胶、松香；合成树脂类的乳白胶、聚乙烯醇等。

工艺材质设计在书籍的装帧中占有很重要的地位，尤其是书的封面、函套设计，要根据以下三个原则决定其材质选择（图 8—60～8—63）。

1. 书籍的使用价值与保存价值及档次。

2. 书籍的内容，即根据内容选定设计方案及材质的品种。

3. 出版、设计者的方案要符合工艺加工的可能性要求。

以上三个原则运用不好，书籍的材质表现就不可能达到理想的效果，而往往是想得好，做不出来。因此一本书籍装帧的成败，从设计、出版、材质到后期加工，是一个整体，任何一方面的疏忽都不可能是一件成功的作品。

中国高等院校

THE CHINESE UNIVERSITY

21世纪高等教育美术专业教材

The Art Material for Higher Education of Twenty-first Century

CHAPTER 9

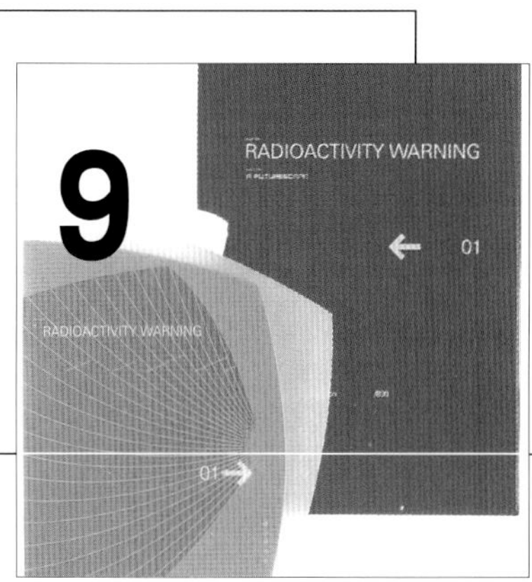

精美的书籍图库

第九章　精美的书籍图库

近年来，随着科技的日新月异，中外书籍装帧的材料发展很快，一些传统材料已被很多新型材料所取代，使书籍装帧水平有了很大提高。世界书籍艺术的发展源远流长，并以各自独有的风格并存。已涌现出不少有成就的装帧艺术家，创作出不少出类拔萃的好作品。如代表欧美的英国、法国、美国等。代表东方的日本、中国、印度等一些亚洲国家。现本人把一些收集的国内外书籍装帧作品通过最美的书籍图库介绍给大家。

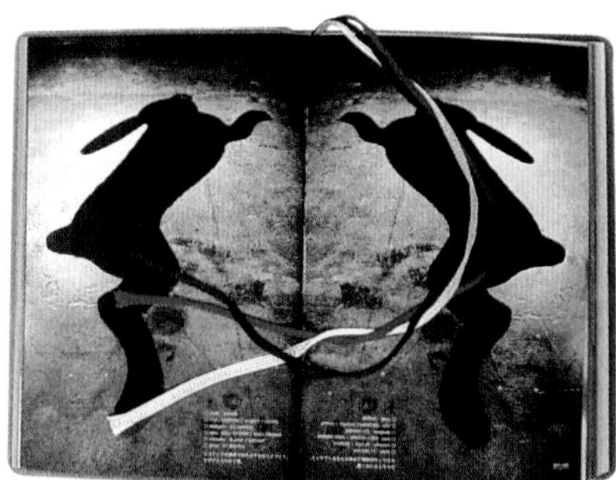

$198.99.

colorado
chesapeake

evelyn lau
INSIDE OUT
evelyn lau
INSIDE OUT
Doubleday Canada

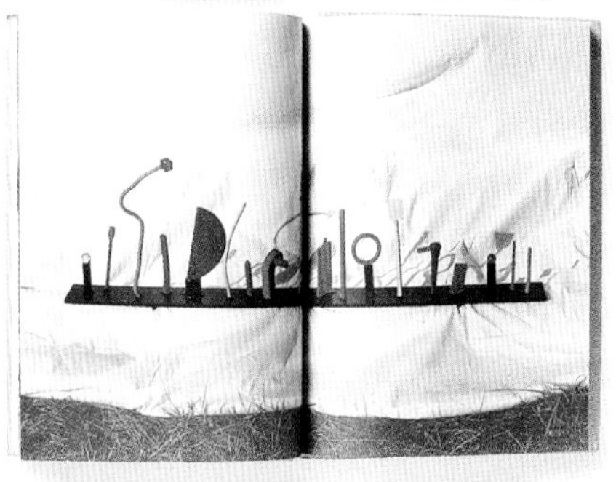

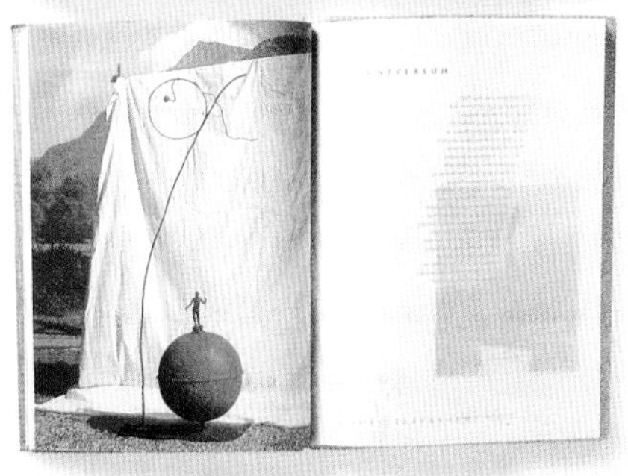

a copy on a much
of its kind

IRMA
BOOM
GUTENBERG-GALAXIE II

PAM

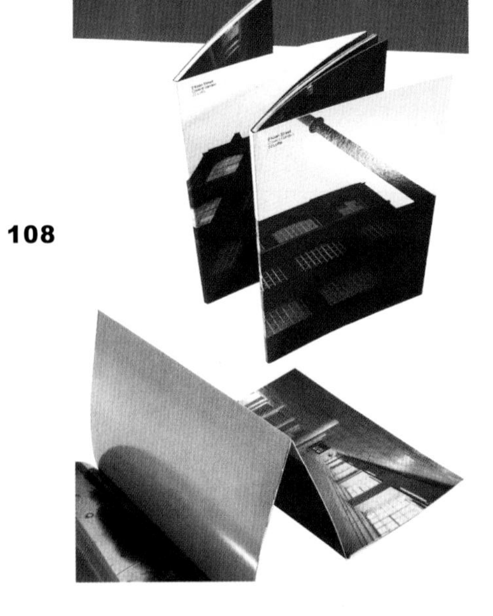

OPEN ME

Check out

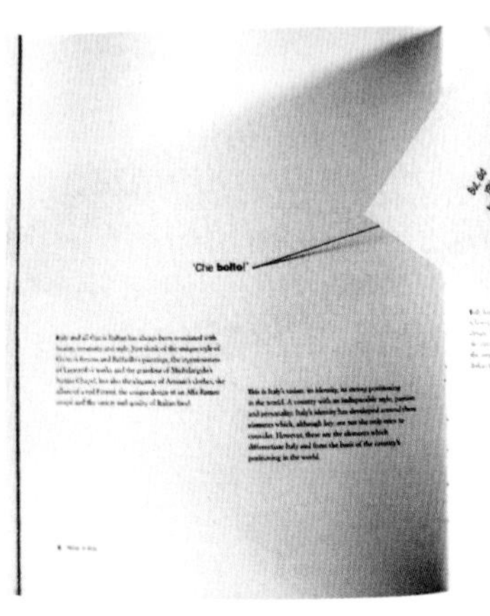
'Che bollo!'

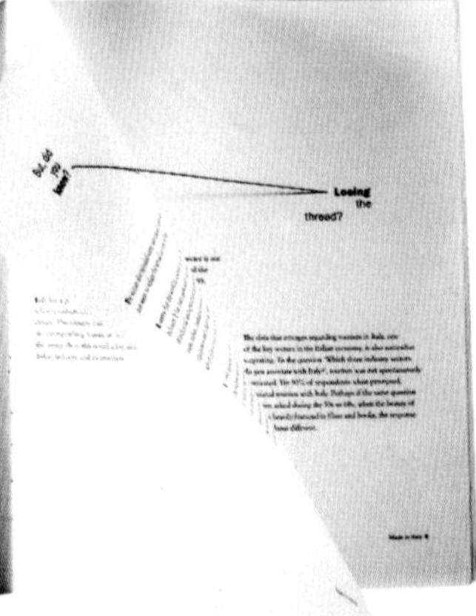
Losing
the
thread?

PHAIDON

GUIDE TO
ECSTACITY
12 JUNE

explored

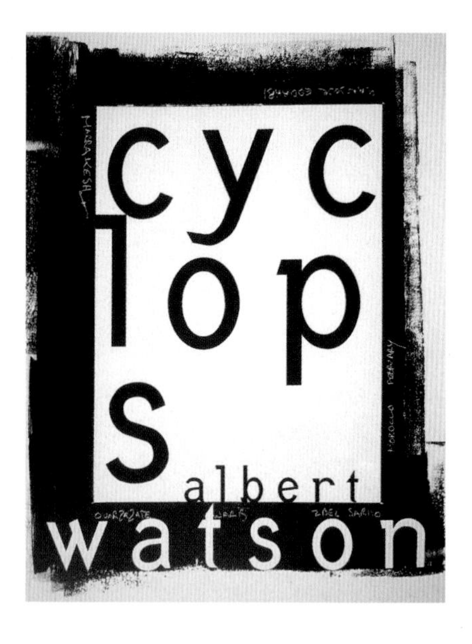
cyc
lop
s
albert
watson

BEYOND
BLACK&
WHITE
MANNING
MARABLE

first aid
tsumori chisato WALK
ADVERTISEMENT FOR SHOES AND BAGS

Miami Heat

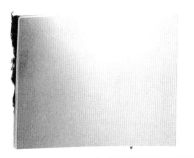

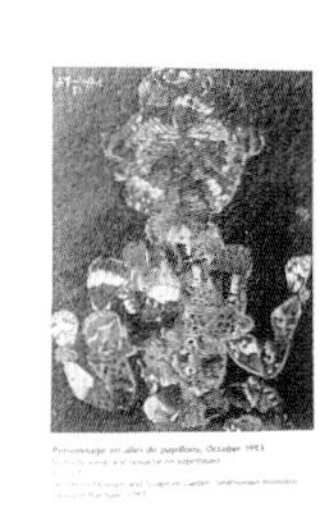

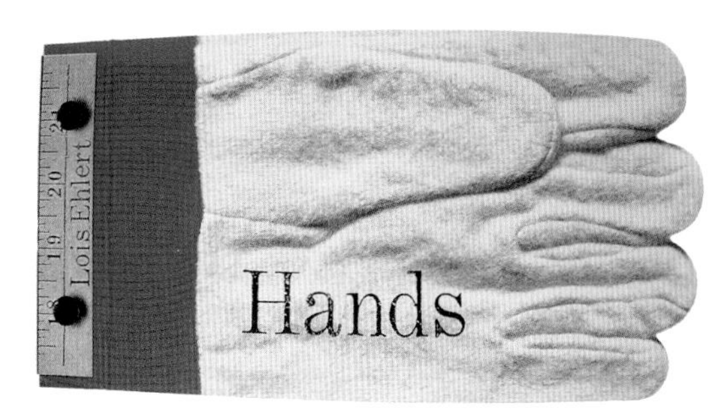
Lois Ehlert
Hands

JEAN DUBUFFET

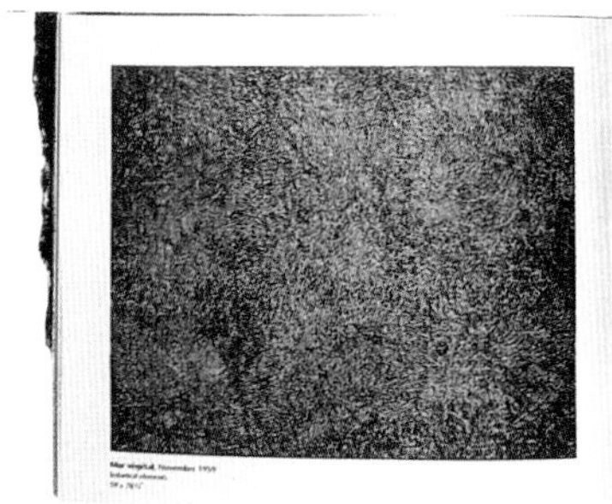

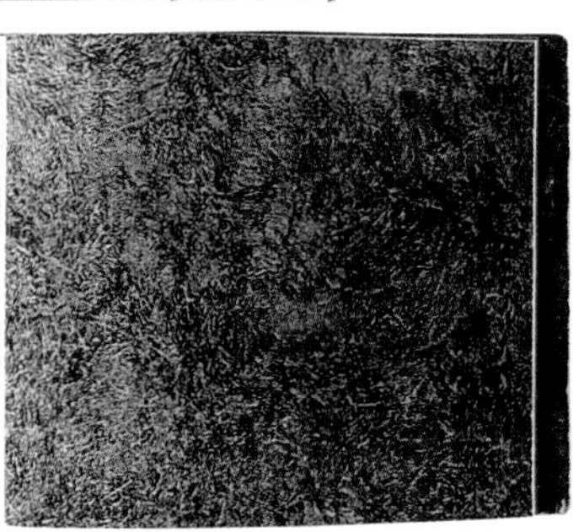

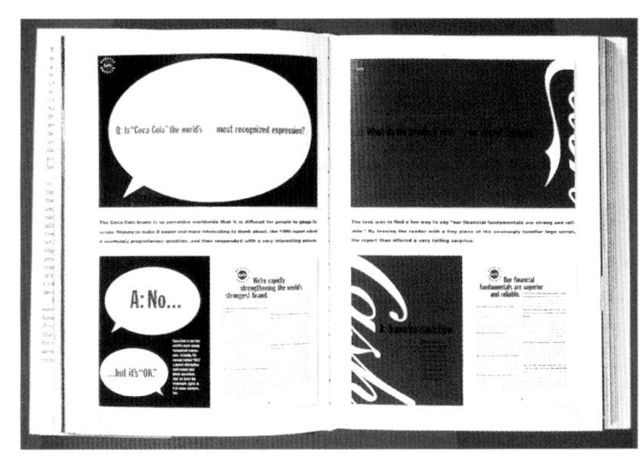
Q: Is "Coca Cola" the world's most recognized expression?
A: No...
...but it's "OK."

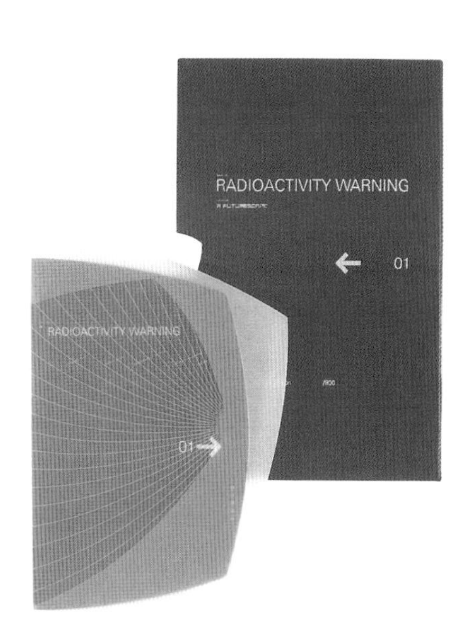
RADIOACTIVITY WARNING
01
RADIOACTIVITY WARNING
01

BEWARE
WET
PAINT
PHAIDON

john grzinich
Monk Mink
Pink Punk

baseline
Type Trash
the teacher

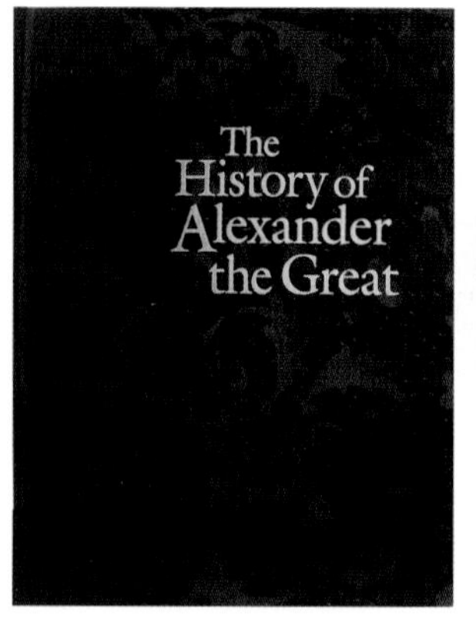
The
History of
Alexander
the Great

112

HOMERE TRADUCTION DE VICTOR BERARD
L'ODYSSEE

Patrick
Tony Cragg
Felim Egan
Andrew
Damien

Shift!
FLEISCH
22.00
closing the loop
annual report
1992
five
D-Fuse
BACKSTAGE
THE

OAKTREE
in sight
a guide to design with low vision in mind
examining the notion of inclusive design, exploring the subject within a commercial and social context
RotoVision
thinking big
Recognition

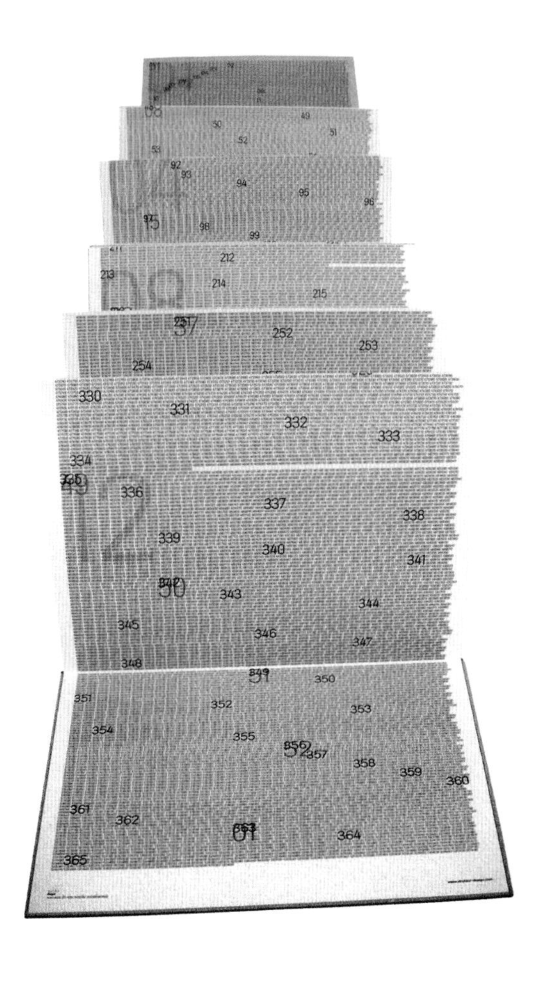

MAKE IT BIGGER PAULA SCHER

Anna Gaskell
Tim Macmillan
Tracey Moffatt
The Citibank
Private Bank
Photography Prize
2000
The Photographers' Gallery

意匠文字

54 RICK POYNOR

Until quite recently one often heard it stated that design should be "anonymous." Not knowing who had created a design was said to be a virtue, a sign that the design was doing its job. Design was functional and practical; its role was to convey a message, or to give you something to sit on. Humble items such as the paperclip, which seemed to have existed forever, were praised as quintessential examples of design. Of course, there were always a few designers who became famous. Some, like Raymond Loewy, actively courted fame and became familiar public figures, with their faces on magazine covers. Others became internationally famous within the design profession. But most people working in design paid lip service to the idea of anonymity, most were anonymous themselves and for tens of thousands of designers this continues to be the case. In the last twenty years, though, design has changed. A class of design stars has emerged and for anyone going into design now it must be clear that fame is an achievable goal. There are various reasons why this has happened. In broader terms, it corresponds to deep changes within the culture. Andy Warhol's prediction that in the future everyone would be famous for fifteen minutes has come to pass. In the new celebrity culture, you can be famous for being famous, with no real achievements to your name. Docusoaps and game shows take ordinary members of the public and turn them into national figures. Tabloid newspapers spin endless stories about the activities of this new celebrity class. In such a climate, the idea that designers – a group with no lack of ego – would dedicate themselves to a life of unassuming anonymity is absurd. Moreover, design's support and promotional system is much more developed now.

BARING IT ALL 55

Countries such as Britain, the USA, Germany, and Japan have always published stylish design magazines. These days, from Mexico to Russia, from China to the Czech Republic, many countries have their own specialist publications, which glorify the works of the same roving band of transnational design stars. Lecture invitations, conference appearances, and exhibitions add to this group's growing prestige. Ten years ago, only the most stellar and durable design figures would find themselves lauded in career monographs, which design book publishers regarded as commercially risky ventures. Today, publishers compete with each other to sign deals and publish lavish, celebratory tomes. None of this would be happening if there wasn't a huge appetite within the design profession, particularly among younger designers, to admire, learn about, and learn from its inspirational figures. At the same time, there is a growing interest outside the design world in the people who shape our visual reality. Three-dimensional designers are the usual beneficiaries of this attention, but occasionally a graphic designer – Neville Brody, Tibor Kalman, David Carson – achieves wider renown.

Stefan Sagmeister belongs to this new international class of famous designers. He wears the acclaim lightly, but he seeks it nonetheless. On the title page of his own monograph, *Sagmeister: Made You Look*, published in 2001, there is an inscription in his own handwriting that reads "Another self-indulgent design monograph." This is winning and disarming, but if he really felt the book was unacceptably self-indulgent, why would he publish it? Clearly, he doesn't actually think this. The inscription continues, in parenthesis, underneath: "(Practically everything we have ever designed in-

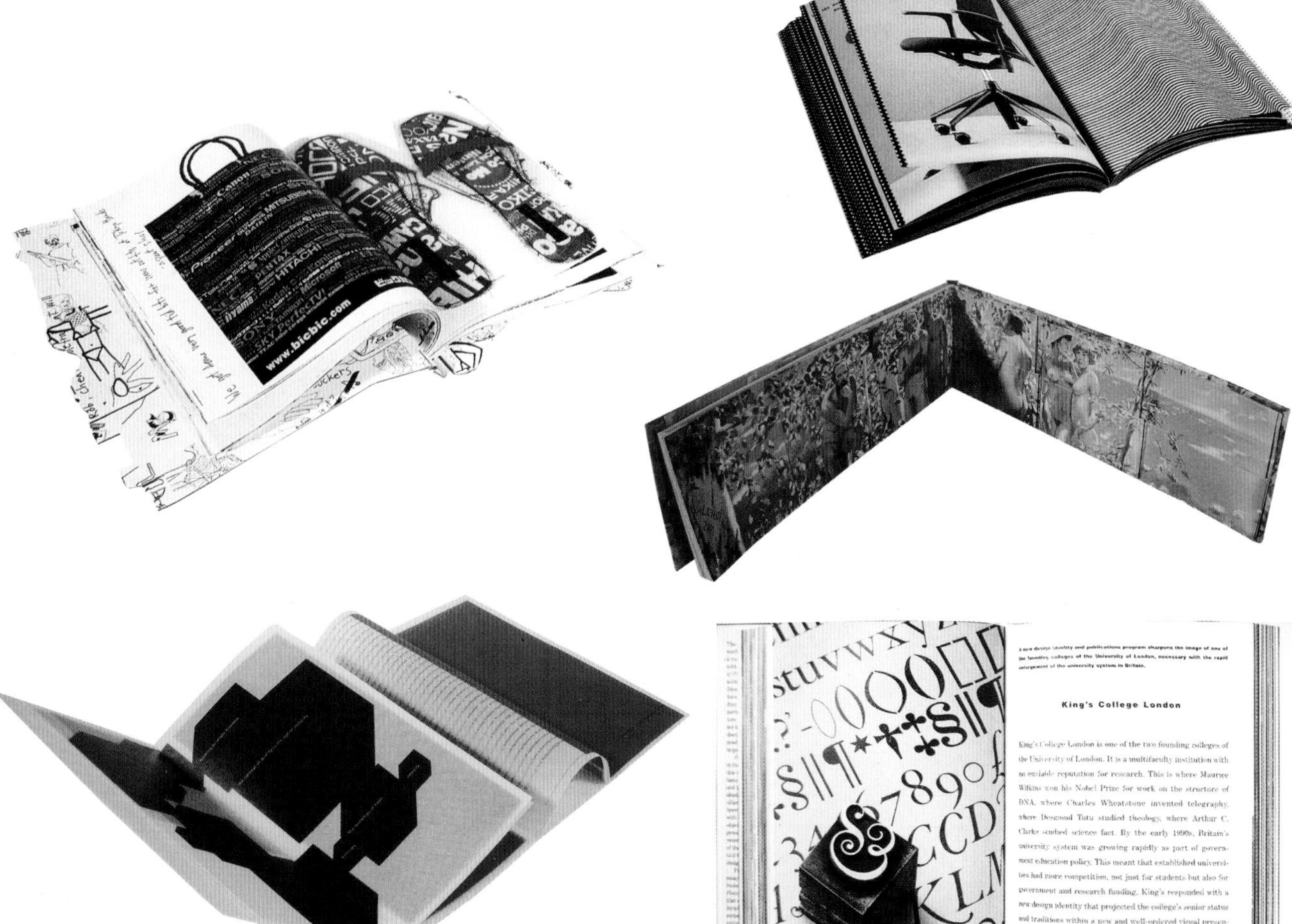

A new design identity and publications program sharpens the image of one of the founding colleges of the University of London, necessary with the rapid enlargement of the university system in Britain.

King's College London

King's College London is one of the two founding colleges of the University of London. It is a multifaculty institution with an enviable reputation for research. This is where Maurice Wilkins won his Nobel Prize for work on the structure of DNA, where Charles Wheatstone invented telegraphy, where Desmond Tutu studied theology, where Arthur C. Clarke studied science fact. By the early 1990s, Britain's university system was growing rapidly as part of government education policy. This meant that established universities had more competition, not just for students but also for government and research funding. King's responded with a new design identity that projected the college's senior status and traditions within a new and well-ordered visual presentation. The identity work led to the development of a raft of new publications for external and internal use, headed by the prospectuses for undergraduates and postgraduates and

ThePeoplesArt
AArtedoPovo
AUTO
PILOT

so they call their families from the Virgin Islands to tell them that they got married and so her mother cries and his family wasn't home so he leaves messages for everyone but his brother thought he was in jail down in Mexico when he got the message and calls back the next morning and he gives his sister the wrong phone number so she's calling this laundromat on some island somewhere but they finally got it all cleared up and they had a great vacation except for the plane ride

home which took twelve hours but it was ok because they they did elope, and so all along they had planned this celebration with their family and friends with this cool steel drum band and some really tasty food made by her friend the famous caterer, which is neat, and all these interesting people will come to this place in the woods just north of Chitown, which is neat because it's nature and laid back and the Earth Day thing and so that's the whole reason for this story.

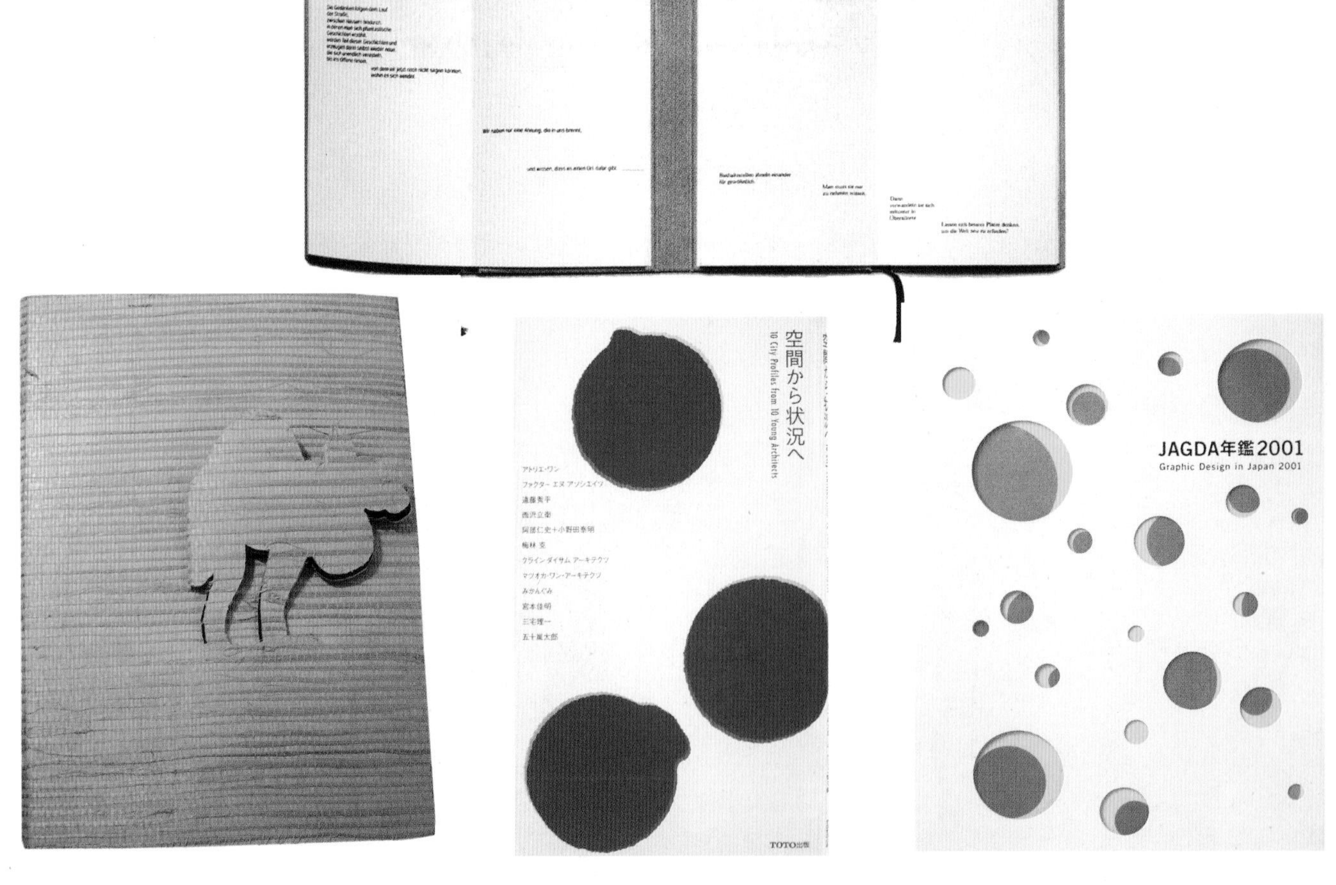

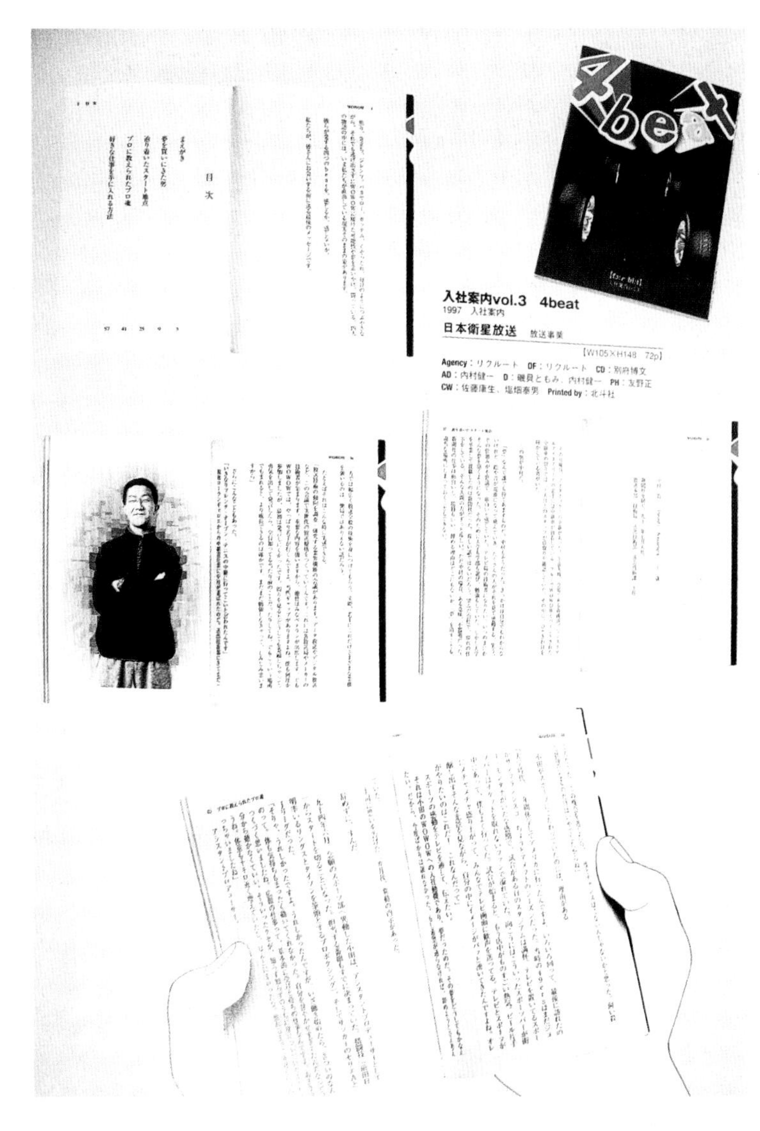

入社案内vol.3　4beat
1997　入社案内
日本衛星放送　放送事業
【W105×H148　72p】
Agency：リクルート　DF：リクルート　CD：別府博文
AD：内村健一　D：磯貝ともみ、内村健一　PH：友野正
CW：佐藤康生、塩畑泰男　Printed by：北斗社

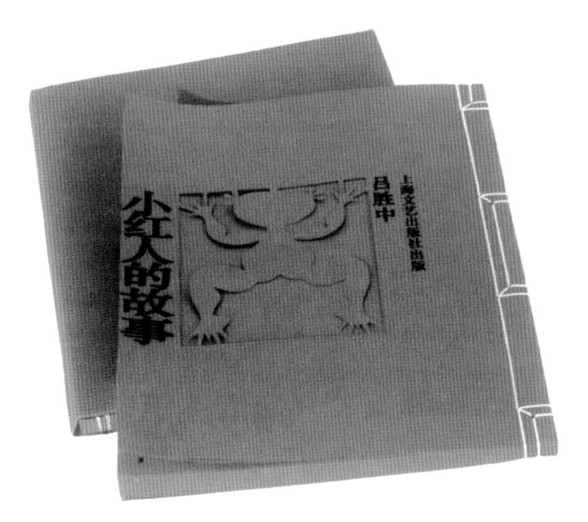

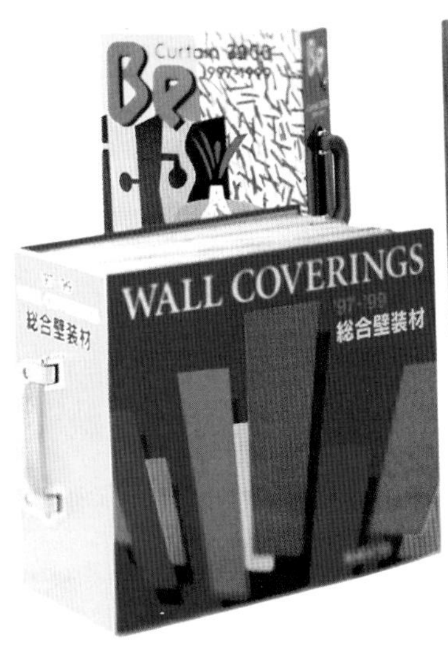

参考书目

《中国古代书籍史话》　任继愈主编　商务印书馆　1996 年

《欧洲古籍艺术》　杨志麟主编　湖北美术出版社　2001 年

《书籍装帧设计教程》　张进贤著　辽宁教育出版社

《书籍装帧》　邓中和著　中国青年出版社

《印刷概论》　万晓霞 邹毓俊编著　化学工业出版社　2001 年

《现代书刊报设计便览》　江红辉主编　教育科学出版社

《印刷媒体技术手册》　赫尔穆特·基普汉著　谢普南 王强主译　世界图书出版公司

《印刷设计色彩管理》　Rick Suther Land Barb Kary 原著　陈宽祐译　视觉文化

《平面设计手册》钟锦荣编著　岭南美术出版社